女人 受用一生的 幸福课

永远别找他人要幸福感，因为幸福只是一件与自己有关的事

幸福，是一种感觉而不是视觉，
别人看到的未必真是幸福，
只有内心真切感受到了才是幸福。

文　捷◎编著

Nüren shouyong

Yisheng de Xingfu ke

中国华侨出版社

图书在版编目（CIP）数据

女人受用一生的幸福课／文捷编著. — 北京：中国华侨
出版社，2015.1
ISBN 978-7-5113-5188-3

Ⅰ. ①女… Ⅱ. ①文… Ⅲ. ①女性－幸福－通俗读物
Ⅳ. ①B82-49

中国版本图书馆 CIP 数据核字（2015）第 031215 号

● 女人受用一生的幸福课

编　　著／文　捷
责任编辑／棠　静
责任校对／孙　丽
装帧设计／环球互动
经　　销／新华书店
开　　本／710 毫米×1000 毫米 1/16　印张 /17　字数 /228 千字
印　　刷／香河利华文化发展有限公司
版　　次／2015 年 5 月第 1 版　2017 年 10 月第 2 次印刷
书　　号／ISBN 978-7-5113-5188-3
定　　价／35.00 元

中国华侨出版社　北京市朝阳区静安里 26 号通成达大厦 3 层　邮编：100028
法律顾问：陈鹰律师事务所　　　编辑部：（010）64443056　　64443979
发行部：（010）64443051　　　传　真：（010）64439708
网　址：www.oveaschin.com　　E-mail：oveaschin@sina.com

序

幸福只是一件与自己有关的事

德国的哲学家费尔巴哈说，人活着的第一要务就是要使自己幸福，幸福是我们每个生命所承载的最重要的使命。毕淑敏说，生活中，我们也许会有很多的小目标，我们会被这个社会的大舆论所引导，被一些潮流所裹挟。可是，你一定要清楚，这一生最重要的事情就是让自己幸福。

生活中，许多女人都会误认为，幸福就是"别人能给予我什么"。其实，一切寄托在外物身上的满足感和幸福都是短暂的，因为任何人和物都只是你生活的配角。真正的幸福，是内心滋生出的一种力量，那只是一件与自己有关的事。正如哈佛博士泰勒所说，幸福不在于得到多少，幸福在于感知幸福的能力！一个没有感知幸福能力的人，无论他得到再多，都不会幸福。一个能够感知幸福的人，无论他多么平凡，都是幸福的。

幸福的感知能力主要取决于对那些自己已经拥有的普通而又平凡的东西感到幸福的能力。这些东西往往我们平时体会不到，直到有一天失去的时候才会感到珍贵。而如果我们在自己没有失去的时候就懂得珍惜，这样的女人才是真正幸福的人！

有这样一句话："有一种女人，不管她嫁的是谁，她都有能力让自己过得幸福。"真正长久的幸福并不源于外界，那是一种心灵的力量，这种力量未必如惊涛骇浪一样冲击着我们，也未必如泰山压顶一样震撼着我们，或许只是

"随风入夜"的"淅沥春雨"，只是"以阴以雨"的"习习谷风"，便足以让我们的心田温洇润泽、熠熠生辉，足以让我们的生命快乐惬意、光彩照人。

　　有人说，幸福就是口渴时的一杯水，是炎热时的一股凉风。饥饿时，饮餐就是幸福；劳累时，休息就是幸福；生病时，健康就是幸福……幸福很多时候只是一件极为简单的事，它与外物的多寡毫无关系。

　　生活中，我们常听人说，我穷得只剩下钱了，可见，富有不一定幸福。美国心理学家戴维·迈尔斯和埃德·迪纳研研究证明：财富是一个很差的衡量幸福的标准。因为人们并没有随着财富的增加而变得幸福，相反，随着财富的增加人们似乎变得更加苦恼。因为幸福不是一种物质，而是一种心理状态，一种情感体验。所以，如果有人问你：你幸福吗？你可以这样回答：我每天都幸福，每天都是我这一生中最幸福的日子——尽管我的房子不是很大，尽管我没有多少财富，尽管我没有什么地位，尽管我人长得不漂亮，尽管……但是，我能够努力做到对我所拥有的一切感到满意，能够努力做到不被太多世俗的标准所束缚，能够努力做到让自己的心灵快乐，精神富足。

目录

三等女人靠美貌，二等女人靠头脑，一等女人靠心态

妙语生"福"，口舌生香令男人无限爱恋

Part 2
幸福的坐标是自己：与其向外苦追，不如向内乐求

幸福不是"我能得到什么"，而是内心长出的一种力量

控制情绪不生气：用一颗强大的心，换一张永不垂老的脸

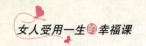

Part 3
人生最幸福的三件事：有梦追，有事做，有人爱

女人的忧虑和迷惘，多源于丢失了梦想

女人生活要有"外延"：在和谐人际中体味幸福

Part 1
享受爱情：
女人的"幸福"需要爱的"滋养"

对于多数女人来说，其"幸福"是需要爱的"滋养"的，只要能与心爱的人在一起快乐地生活，便是一种莫大的幸福了。有人说，有爱滋养的女人最美丽，爱是让女人"蜕变"的最好的催化剂，它可以让凌厉变温润，让坚硬变柔软，让柔弱变坚强。沐浴在爱河中的女人心中是美好的，是积极、乐观、向上的，是对生活充满激情的。她们神采飞扬，能让周围的每一个人都变得轻松愉快。虽然获得称心如意的爱情并不是件容易的事，但却是有规律可循的。女人只要学会与爱人相处的方式，懂得恋爱和经营婚姻、爱情的技巧，便能在甜蜜的爱情中时时嗅到幸福的味道。

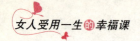

装扮美丽，不如投资"头脑"：
"悦人悦己"的爱情最养人

女人如能获得美好的爱情，便等于握住了获得幸福的重要砝码。但是，要在爱情中沐浴幸福也是需要智慧的。不讲求方法、没有智慧的爱情，只会让女人遍体鳞伤。有人说，漂亮能让男人停下，而智慧能让男人留下。不可否认，智慧是魅力女人的"护身符"，它是比美丽更有价值的东西。

有头脑、有智慧的女人，最懂得恋爱的方法和与爱人相处的方式，更懂得运用女人特有的气质让爱情结出甜美的果实。可以说，"智慧"是一种养料，能让"情爱"之树枝繁叶茂。女人如要在爱情中沐浴幸福，先丰富自己的大脑，提升自己的智慧吧。

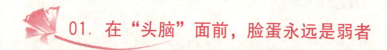

01. 在"头脑"面前，脸蛋永远是弱者

♦ 幸福女人慧语：

☆ 女人不仅需要依靠美貌游走这个世界，更需要一个富有智慧的头脑。用一颗智慧的心博一个大人生，整个世界都会向你低头称赞！

☆ 对一个女人来说，美丽只是表象，智慧却在骨子里。任何一个女人，只要名牌粉底一扫，都能成为一个"美人胚子"。当满街的美女扑面而来，美丽自然贬值。看惯了花容月貌后，男人更注重的是女人脑袋里装的东西。

什么样的女人能受尽宠爱？答案是富有头脑有智慧的女人。在"头脑"面前，脸蛋永远是弱者。当然，对女人来说，真正的智慧不是心机，而是对世事洞察的了然，是相爱的吸引，是相守的包容，是不爱后的放手，是种种明智和达观的处世态度。在男人心中，女人的"头脑"永远要比"脸蛋"重要，它是比"脸蛋"更有价值的东西。女人的美丽会因为岁月的流逝而褪色，而富有智慧的"头脑"则会使女人因为岁月的淘洗和沉淀放出耀眼的光华，会因为岁月的沉淀而散发出醉人的醇香。

著名的社会学家李银河认为，女性的魅力不能仅停留在娇美的外表上，而是要体现在头脑和智慧上。著名作家梁晓声也表示，具备了"智、趣、善、娴"的女性才可以称得上为魅力女性。可见，要做男人最爱的魅力女人，"智"是第一位的。漂亮女人让男人停下，智慧女人则能让男人留下。拥有头脑和智慧的女人，便等于握住了拥有恒久吸引力的金钥匙和获得幸福的重要砝码。

作家王朔曾经说过，男人称赞一个女人美丽，就像我们去一个餐馆吃饭，吃得可口，我们会夸赞，但却并不意味着我们要留下来当这家餐馆的厨子。而真正能让男人留下来当厨子的女人，是智慧型的。美丽只能给人带来短暂的吸引力，而智慧则会让有深度的男人为你驻足、留下。

红颜易逝，女人的漂亮犹如易拉罐里的饮料，一旦拉开，气泡跑光，谁还会愿意再喝？而智慧女人，则如陈年老窖，历久弥新，让男人回味无穷。

在一次相亲派对上，一位记者专门针对成功人士的择偶标准做了一项调查，得出的结论是："漂亮"并不是选择伴侣的主要条件。他们选择妻子，通常都具备两个条件：一是能"拿得出去"，二是能"拿得回来"。拿得出去的不仅是美丽的外表，更重要的是丰富的学识、良好的教养、优雅的举止。拿得回来，就是在外无论有多么风光的成就，无论有多耀眼的光芒，但必须心系家庭，愿意回家，回到家里应是一位妻子、一位母亲和一个女人。同时，这些成功人士都一致表示，不愿意与

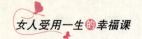

美丽且俗不可耐的女子交往。

才貌双全的女子可谓是凤毛麟角，但是才貌双全也是把"才"放到了"貌"的前面，说明了在很多人眼中，有内涵胜于有美丽。漂亮的女人如果是一块宝石的话，那么，聪明智慧的女人就像是宝藏，让你永远有挖不完的惊喜，这样的女人无疑是最幸福的。所以说，女人在任何时候都要学会增长自我见识，充实自己的头脑。它可以放大你的生命，增强你的能量，让你握住获取恒久幸福的密码。

· 幸福箴言

智慧的女人，即便无出众的相貌，但也不会自怨自艾，而是相信"上帝为你关上了一道门，就必定能为你打开一扇窗"，坚信自己拥有某一方面的优势，并为之努力。

智慧的女人面对消费时，永远是理智的，她们会对金钱的去向做出规划，该投资储蓄，未雨绸缪，而不是被一时物质的满足而冲昏头脑。

智慧的女人从来不会甘心当一个家庭主妇，因为她们知道，一个没有独立经济来源的女性其实就等于失去了自尊。

02. 不做容易丧失原则的"泡面女"

♥ 幸福女人慧语：

☆ 女人，做丧失原则的"泡面女"最是跌份儿。这样的女人就像是方便面，省时省力，兑水即软。要知道，轻易便能"吃"到口的"面"，都是男人拿来凑合过日子的。

☆ 真正让男人珍惜的，还是那种让男人费尽周折追求的女人。与"泡面"不同，这样的女人更像是筋道有味的弹性拉面，即便在水里煮再久，照样还是绵软顺口。因为男人轻易"吃"不到这样的面，所以会向往渴求，即便偶尔侥幸吃到，也会令人回味无穷。

薇格天生丽质、聪慧可人。她从小就喜欢画画，后来如愿地在一所大学专修油画专业，一直被她深爱着的男友正准备为她筹备个人画展。那时候，她和男友因为都没有收入，生活过得很拮据。在贫困时，男友鼓励她去参加世界小姐选美，因为只要通过初赛，她便可以得到高达5000美元的奖金。于是，她便去了，而且通过了层层的选拔赛，她一下子站在了荣耀和财富的最顶端。后来，她便放弃了画画，也放弃了开画展的想法，因为她已经不需要再画画了。同时，也放弃了她深爱着的男友，因为她觉得自己已经不需要他的呵护。

当她的事业如日中天的时候，她患上了一种名叫克里曼特的综合征。这种病症的最大危险在于，双眼视力逐渐衰退，直至失明。她几乎绝望地陷入黑暗之中了。消息一经传出，一位小男孩给她寄来了一包土，说他们那里都用此治病。薇格不相信那包土，怀着姑且试一试的想法用了，奇迹便发生了，她康复了。再后来，她便嫁给了一位美国富翁。她先后嫁了6次，可是没有一个男人能让她真正倾心。后来，她患上了严重的抑郁症，在痛苦中死去了。

有位哲人说，在我们追求的所有东西中，幸福其实是最容易得到的，也是最难得到的。薇格因为放弃自己原本该坚守的生活和爱情的原则，得到了许多出乎意料的幸运，但却始终没有得到她所谓的幸福。她可以在自己不喜欢的领域获得意外的财富，可以在自己不信任的人那里意外地得到解药，但却无法从自己不爱的人身上获得幸福。

其实，现实生活中，在婚姻中难以得到幸福的女人，都有一个共同点，那就是在爱情中无定力，尤其在面对男人的追求时，容易在爱情中迷失自我、丧失原则。

"芳芳啊，今晚出来一起吃饭吧……吃过了啊？那就出来看电影吧……没空啊？……那明天晚上吧……哦，有事啊……那后天吧……好，我会一直等你的哦！……"

"丽丽啊，怎么不理我了呢？我可是一直想着你，打你电话都不通，没什么事吧，可把我急死了……我很想见你呢！"

面对男人的百依百顺、委曲求全，很多女人都很容易丧失原则，不爱也变成爱。因为她们最享受被男人追求的快感与满足感，即便不爱，也很是享受那种被人捧在手心的感觉。于是，接下来，在半推半就中，这种女人就很容易糊里糊涂投入男人的怀抱，然后一步步走入婚姻。往后，随着激情逐渐减退，日子回归平淡，痛苦自然就来了。因为对于女人来说，很难在一个自己不爱的男人身上找到幸福。这便是无原则的"泡面女"的恋爱轨迹。

所以，要想在婚姻爱情中享受快乐，体验幸福，坚守原则极为重要。那些婚姻中的幸福女人，都是对爱情有原则并能坚持自我原则的。这样的女人，内心强大且有定力，不容易在爱情中迷失。与兑水即烂的方便面不同，她们就像强韧有力的拉面，即便被水"泡"再久，也会绵软顺口，让人回味无穷。

是女人，就该做强韧有定力的"拉面"，而拒做兑水即软的"方便面"，这是让自我获得幸福生活的前提。

• 幸福箴言

没有爱情的婚姻是不道德的，这样的婚姻也很难获得幸福。真正有头脑、有智慧的女人绝不会丧失原则随便嫁，为了一时的感动而嫁，为了年龄问题而"昏"嫁。她们宁缺毋滥，宁愿一辈子单身到底，也决不肯"下嫁"一个与自己不般配的男人！这样的女人，时时都能焕发出自信、迷人的风采。

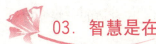

03. 智慧是在"聪明"外裹上"憨"的外衣

♦ **幸福女人慧语：**

☆ 男人喜欢的聪明女人并不是传统意义上的"聪明女人"，她可以精明强干，可以玲珑剔透，但最好能裹上一层"憨"的外衣，这便是智慧型的女人了。

☆ 聪明女人"吓"跑男人，智慧女人吸引男人。身为女人，如果太聪明，就难以接近智慧的境界。

　　朱丽叶最近从家中书柜的一个隐秘地方发现丈夫藏了一些私房钱，并且还发现丈夫交上的工资数量比之前少了许多。每次交工资时，丈夫便解释说，最近部门没有什么大项目，所以奖金比之前少了一些。朱丽叶很清楚，丈夫在向自己撒谎，心中隐隐地有些难过，但她还是未揭穿丈夫。

　　一天后，她便在丈夫放私房钱的地方偷偷又放进去 1000 元，并且还留了一张纸条："亲爱的，以后钱不够用就给我说，你是咱家的经济支柱，可不能在外面委屈了自己！"

　　晚上回家后，等妻子睡着了，丈夫便偷偷地溜出房间看到那张写满了"爱"的纸条，不禁感动万分。自此之后，他从未再向妻子撒过谎，而且还用妻子给的钱给她买礼物。

　　苏芩说，有些女人很聪明但不够智慧，有些女人很智慧但却不够聪明。因为聪明常与"较真儿"相关，而智慧常与"装糊涂"相关。女人获得男人的宠爱，的确需要聪明的头脑，憨态可掬的傻大姐固然有她的可爱之处，但沟通起来却有障碍。但是，真正能赢得男人心的不是聪明女人，而是能在"聪明"外裹上"憨"态外衣的智慧型女人：他的不良习惯，她可以视而不见，睁一只眼，闭一只眼。无论何时何地，她都能懂男人，并理解他的一切做法，都能处变不惊地处理一切容易引起纠纷的矛盾。

该在合适的时候聪明，在合适的时候装傻，在合适的时候懂得退让——这样的女人，能让男人真正地从心底折服。

张琼与老公结婚三年，前两年两人还算恩爱。但是，当"新鲜感"一过，张琼发现老公像变了个人似的，对自己的事从来不管不问，而且还发现他有"出轨"的苗头。

有一次，老公与同事一起去KTV，到半夜还未归家，这可急坏了张琼。打了无数次电话，都是关机。在无奈之下，她就打电话给老公的一位同事。同事告诉他，他们在单位附近的KTV唱歌。

张琼心里有些不安，就从床上爬起来，决定去找老公。她走到门口，心里却惊了一下。老公在微醉的状态下拉着一位女士的手在引吭高歌，深情处眼中还含着热泪，仿佛手心里的那只小手单单归属他一人，此情不渝，灿若珍宝。张琼想冲进去，给老公一个耳光，但是她却抑制住了自己的愤怒，而是悄悄地抹着泪返回家了。

随后一星期中，张琼都接连不断地给老公制造惊喜。上班前一定要"吻别"，下班后温柔得像个小鸟似的，主动带老公去喝咖啡、看电影！生活丰富起来了，老公也变得更体贴、温柔了。

有一天下班后，两人依偎着在听歌的时候，老公却突然羞愧地对张琼说起了那天自己在KTV里的不雅行为。张琼听罢，很深情地说："那段时间是我太忽略你了，不能全怪你！"看着如此善解人意的老婆，老公紧紧地搂住了她！从那以后，老公一下班则往家跑，再也没有出现过半夜还不见人影的事情了！

能洞悉男人一切心思并会适度"装憨"的女人，最能经营好自己的爱情，守住自己的幸福。这样的智慧型女人，通常都有这样的想法：

"我可以睁一只眼，闭一只眼，但仅限于在无损我婚姻实际安全的基础上。"

"我可以适时适地地'消失'，但仅限于我对男人已经胸有成竹的时候。"

这便是智慧型的女人，在她们看来，适当时候的"退步"是为了更好地前进，适当时候的让步是为了稳固自己在男人心目中的分量。男人喜欢这样的女人。她放弃一时的得与失，脸上却写满了永恒的幸福的微笑。

> **· 幸福箴言**
>
> 装"憨"，是一种生活技能，也是一种生活态度。与素养有关，与教育和阅历有关，更与心态有关。它不是让你演戏作假，也不是让你唯唯诺诺，有时候装憨只是为了让事态趋于圆满；有时候则为了缓解尴尬的局面；还有时候只是为了获得更多幸福。

 04. 女人一生最重要的事情就是懂得投资自己

❀ 幸福女人慧语：

☆ 著名心灵作家张德芬说："担心爱人变心是最不划算的投资。有那时间、精力，不如放在自己身上——心灵成长，变得更健康、智慧、喜悦自在，这样的人是人见人爱的。如果对方不识货，离开了，你绝对还有其他机会，毕竟没人会喜欢受害者心态的弃妇，而健康、快乐、有智慧的人却到处受欢迎。"

☆ 这个世界上最宝贵的东西，都是随着年代的久远才变得有价值，比如钻石、古董。每一个女人，当你面对选择的时候，你是选择做名画还是做挂历？如果你是名画，虽然名画有些残旧，但那一份韵味是别的东西所无法替代的。可是挂历，今天不卖明天就没价值卖不出去了。每个女人的人生都是经营的结果，你想拥有什么样的人生，取决于你今天用什么样的态度去经营它。

《离婚律师》中，做了十几年全职太太的苗锦绣的一番话值得所有女性去深思。女人一生到底要什么？在离婚仪式上她这样说道："我从来没有想过我会离婚，从来没想过董大海会欺骗我……男人在创业的时候都希望有我这样的女人温暖、安慰、照顾，但当他们事业到了更高的平台和有更多要求的时候，像我这样的女人他就不需要了……我想对我女儿说，你一定要记住，一定要爱你自己，一定要为自己投资，不要在婚姻里忘了自己，如果连自己都忘了自己，你的男人一定会慢慢地、慢慢地把你忘了！……我现在没有事业，没有丈夫，没有家，没有爱，我只有钱。我幸福吗？我能幸福吗？我是幸福的人吗？"女人一生要什么？是家庭事业的平衡，身与心的和谐，这一切都建立在投资自己、开阔视野、不断提升自我能力上！与丈夫、孩子一起成长！这样的女人才不会在人生半途上被幸福的列车所抛弃。

不可否认，一份成功的事业、一个幸福的家庭都是悉心投资经营的结果。同样，一个自信优雅且幸福的女人，也是自我投资的结果。工作中，我们都会想办法通过自己的努力得到上司的赏识和认同；在家庭中，我们会费尽心思去让老公舒心，让孩子快乐健康。当你在经营你的家庭和事业的时候，你首先要学会经营好自己。因为所有的这一切都是因为有了你，才变得有意义。如果没有你，其实一切都变得不那么重要了。所以，要做一个幸福的女人，无论什么时候都应该把注意力放在自己身上，要懂得给自己投资，为自己的美丽和健康投资，为自己的事业和梦想投资，更为做独立的自我投资。这是将自己塑造成一个美丽、优雅、独立魅力女人的前提，也是让幸福的列车永不遗弃自己的保证。

懂得投资自我的女人，会不断地升值。当别的女人为男人争风吃醋的时候，她却能够泰然自若地安享属于自己的美好时光！

"投资男人，投资婚姻，都不如投资自己。"这是白领丽人丽达经常向周围朋友重复的一句话。

她是做美编工作的，因为天生对色彩和画画有极特别的感觉，加上没有专业的美术理论的框架的束缚，所以，她的油画充满了创意。丽达最近找了一位事业成功的男士，不仅事业有成，而且还极富风度。

"你男友身边都是成功女人，有钱有势，你不担心被甩掉吗?"一位朋友曾这样以调侃的语气问丽达。

"如果他不是你的，担心有用吗？我最近极力说服他帮我办画展，让我在画坛中站稳属于自己的位置。我们俩虽然在一起半年了，但是无论吃饭，还是出去逛街，大部分的支出都是 AA 制的。对于一个画画的人来说，没有什么比才华和名气更为重要的事情，那才是真正的无价之宝!"丽达这么说。

显然，丽达是明智的，也是聪明的。她明白自己想要什么。所以，即便有一天，她和这个男人分手了，那么，她还是一个美丽、独立、优雅的女人，无论在情感上还是工作上，自己的成长才是最大的财富。

有人说，女孩子越年轻，越讨男人喜欢。其实，这只是一个普通男人和普通女人的一个定律。无论岁月如何流逝，懂得经营自己的女人其阅历和智慧都在不断地升值，其人生也会不断地升值。

年轻的女孩子固然很多，但是真正优秀的女人并不多，主要在于多数女人都不懂得如何投资自己。

总之，时间是无法改变的，也是不会停留的。但是聪明的女人却可以选择一点，你是让自己成为升值的人，还是一个贬值的人。如果你选择前者，那么，即便是你嫁了一个富有的男人，也要有自己的事业天地，有自己的人生，这样才能过上真正属于自己的光鲜的生活，用双手培植属于自己的梦想和精彩的幸福人生!

· 幸福箴言

凌峰说："女人要在青春递减的时候，递增智慧。"其实，女人的青春和智慧都是要投资的，因为青春是短暂的，而持久的依赖关系是脆弱不可靠的。所以，女人最重要的是投资自己的智慧，并且学会用智慧去构建属于自己的事业大厦和美好人生。

05. 气度，是最好的情感"稳定剂"

❤ 幸福女人慧语：

☆ 幸福的女人都有一颗宽容的心，她们能用自己的气度来征服爱人的心，并能在爱情长跑中成为最终的胜利者。

☆ 有气度的女人，行事稳妥，无论何时自己都多了几分应急的把握。

☆ 有深度的男人少说多做，不急于表现自己，信奉"沉默是金"的训言；有气度的女人刚毅坚韧，大度宽容，自信从容中见气定神闲。一个有气度的女人，身处逆境时不怨天尤人，身处顺境时处之泰然。

《辣妈正传》中的李木子可谓是魅力女人的代表。年近 40 岁的她，其魅力不仅体现在她有文化、有修养，更体现在她的胆识和气度。当丈夫的前妻三番五次地对她大吵大叫、无理取闹时，她却能心平气和地叫她一声徐姐，然后又低声细语地将她反驳得哑口无言。在面对凤凰男婆婆的无理要求时，她能不动声色地将其送回老家以解决燃眉之急。在丈夫表现出对婚姻厌烦时，她没有像其他女人那样大吵大闹甩手而去，或变成怨妇，而是思维清晰地与丈夫分析利弊以重塑感情的信心。她的大气让丈夫的事业如日中天，也让她复杂的婚姻生活变得和谐完美且充满了幸福。

拥有宽阔的胸怀与气度是女人智慧的最高体现。这样的女人，其身上从日渐成熟的阅历中历练出来的从容优雅与待人接物的气质风度，不是无瑕的肌肤、美貌可以比拟的。其面对生活中磕磕碰碰的矛盾，其能够从容冷静地，用自身的智慧与强大的内心一一搞定。这样的女人，无论在什么情况下都能驾驭好婚姻和爱情这条船，稳当地驶向幸福的彼岸。

电影《火天之城》中，里面日本夫妻有这样一段对话，引人深思：

妻子去为丈夫泡茶，在一旁愁容满面的丈夫说道："人和人的约定能相信吗？"

妻子笑而不语。丈夫便有些气愤地说："笑什么？"

妻子转身微笑着说："这才像您嘛，总是怒气冲天的。"

丈夫更为气愤，顺便将妻子端来的碗砸了出去，扔在了墙边。妻子顿时惊讶，但很快又恢复了平静，转过身去捡起茶碗，又过去给丈夫倒茶。丈夫怒气更重了说："你怎么总这么笑呢？"妻子镇定地强笑着鞠了一躬说："是我惹您不喜欢了，对不起……"

丈夫说："你别说什么'对不起'了！怎么总是这样！"

妻子含泪委屈地看着丈夫说："不管什么时候都要笑。"

丈夫答："这样的我很好笑吗？烦恼于工作，把这样的我当成傻瓜看吗？！"

妻子吓呆了，但是脸上又逐渐绽露出了笑容，时而低头看着丈夫，一会儿，便缓缓地说道："女人作为家里的一部分，不管遇到何事都要微笑对待……"男人怒气渐消，觉得自己有些冲动，心想，真是一位听话的贤妻啊！接着妻子又说道："父亲从小就告诉我说，女主人不笑的家庭就没有希望，不管多么绝望和艰难都要保持微笑……让您不喜欢了，对不起！"妻子深深地鞠了一个躬！

有气度的女人，处处都透着优雅。对于故事中的女主人公，即便我们不知道她的长相如何，但是单从她大气、善解人意的处世方式，都会让人觉得她充满了吸引力，让男人心生向往。这样的女人能巧妙地化解与丈夫之间的矛盾和冲突，时时能以微笑让生活充满希望，让丈夫感受到温暖与慰藉，其心灵的富足可以时时让她生活在幸福之中。试想，哪个男人会离开这样的女人呢？

电视剧《德川》里有这样一句话："教育男性，可以振兴一代人；而教育女性，会振兴一个民族。"教育女性，最为关键的是要让女人有

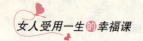
气度。女人的一生，一辈子都会经历女儿、妻子、母亲的身份。作为女儿若能大度，其孝道和懂事必能让父母省心省力；作为妻子若能大度，其隐忍和坚强也势必能成为丈夫的贤内助；作为母亲若能大度，其善良与和蔼必能塑造孩子良好的性格，甚至还能影响到下一代。这就是为何教育女人可以振兴一个民族的原因。由此可见，气度对女人的重要性，它是女人获得家庭和谐与幸福婚姻的必备品质。所以，要做一个幸福的女人，一定要先从修炼强大的内心，让自己拥有气度开始，它是女人获得幸福并感受幸福的关键因素。

· 幸福箴言

生活中，很多三四十岁的女人都担心丈夫的身边有别的女人将自己取代，于是，她们不停地抱怨感情失落，担心韶华之逝、色衰爱弛。她们总以为年龄成为了她们情感生活的罪魁祸首，其实，心灵世界的修为能够抵抗岁月的流逝，心灵的滋养和成熟才能让自己的人生和生活更为广阔。

06. 挺起身板，别让你的爱"跪着"

 幸福女人慧语：

☆ 女人可以输掉感情，可以输掉男人，但一定不可以输掉自己的尊严。爱要靠尊严来维护，智慧女人永远不做情场上的"乞怜者"，而做内心高贵无比的"公主"，这是让你的爱变得无价的重要砝码。

☆ 舒婷说："我如果爱你，绝不像攀援的凌霄花，借你的高枝炫耀自己……我必须是你近旁的一株木棉，作为树的形象和你站在一起。根，紧握在地下；叶，相触在云里……我们分担寒潮、风雷、霹雳；我们共享雾霭、流岚、虹霓。仿佛永远分离，却又终身相依，这才是伟大的爱情。"

苏珊最近恋爱了，与她交往的男友是位带着8岁孩子的离异男士。为了讨好这位新男友，苏珊不惜担着被领导批评的风险，经常翘班回家去与男友约会。当然，她所谓的约会，绝对不是拉着对方的手在月光下漫步，也并非与男友一起烛光晚餐，而是飞快地先跑回家，煲好鲫鱼汤，用保温瓶装好，再转两趟地铁再转一趟公交，给男友送到公司去。如果男友下班，她再转几趟车给送到家里去。顺道到家里帮男友打扫卫生，洗洗衣服，清理一下垃圾，等等。

苏珊纯粹的毫无保留的付出，似乎并没有讨得男友的欢心。原来，男友家里的孩子并不喜欢她，经常与她对抗，有时还用她做的菜汤往她的白裙子上泼。对此，男友并不同情苏珊，而总护着自己的孩子。

交往半年，男友丝毫没有与她结婚的意思。心急如焚的苏珊为了稳住男友一颗摇摆不定的心，可谓是煞费苦心，辞去工作，全心全意为男友服务，使劲地讨好孩子，信誓旦旦地保证一定要把孩子当作自己的孩子。做到仁至义尽，最终，男友终于无刺可挑，勉强答应和她在一起。不过，还附带了一些约束：不许与年轻异性有来往，不许过问他的行踪，不许再与孩子争吵，承担全部的家务。

就连家里的保姆都没有这么苛刻的待遇。朋友都劝她说："不是痴情就能赢得爱情！反而会让人失去自尊！"

苏珊则昂首挺胸地回答："制定这种条款，完全是出于他爱我。我既然爱他，就该不计一切条件，为他付出全部。这样，他就会死心塌地留在我身边了！"

半年之后，同事在超市遇到了苏珊，见她穿着家居服与人剽悍地杀价，见她面容憔悴、面黄肌瘦！同事唏嘘：爱情真是残酷，活脱脱把一个青春靓丽的女孩变成了一个"大妈"！一年后，苏珊便打电话向朋友求救：她被男友从家里赶出来了，想借朋友的房子过渡一段时间。她的一味妥协和付出还是没换来男友的爱，人家已经决定与前妻复婚了。

朋友听到苏珊的经历，都为她叫屈："那么纯净的一个女孩子，怎么遇到那样的男人！"而一位朋友则说了一句极富哲理的话："你的样子，决定了爱情的样子。一切都是自找的，和遇到什么样的男人毫无关系！"

对于一个女人来说，爱和幸福从来都是靠自尊赢来的，而不是靠丢掉尊严"乞讨"得来的。那些情场上的"乞讨者"，总以跪着的姿态向男人乞求爱，无论她怎么付出，也难以换回自己想要的幸福和爱。

我们可以想象：一个女人习惯把爱情当成生活的全部，把一个男人当作自己的整个世界，无条件地依赖男人。等男人想要离开时，她用满是期待和乞求的眼神，等待着这个男人留下来，给她一点温暖和疼爱。这样的女人不自觉地会陷入一种"男人给你幸福，你就幸福；男人不给你幸福，你就不幸福"的被动状态，这样总以低姿态去面对自己的爱情的女人，最终得到的只是伤心和悲哀罢了。

女人要记住，卑微的姿态始终换不来你想要的爱情。因为爱情是不相信卑微的，你放弃的尊严越多，失去的爱也就越多。相反，你的心态越高贵，所能获得的爱也就越多。爱情，向来都是一个自珍自爱的游戏，站着微笑着送没缘分的人远去，总好过跪着哀求对方留下来要高大、有魅力得多。

其实，富有吸引力的女人都是富有高贵心态的。她们始终认为，要想让"爱"变得无价，让男人永远疼惜你，就要先用"高贵"提升你的"身价"。这样的女人能在高贵的心态中主宰自己的情感和幸福，由此而高贵起来的，不仅仅是女人的心态，而随之高贵起来的却是女人的全部生命姿态。心态和灵魂都高贵的女人，在感情中能做到不媚俗、不屈从、不盲从、不虚华、富有原则，而这种气质正是令男人倍加欣赏的。这种女人往往会给男人生活的信心和勇气，她们的骨子里潜存着一种净化男人心灵、激励男人斗志的人性魅力。

在文学史上，简·爱无异是一个高贵女人的代表。生活的磨砺，朋友的影响，让她懂得灵魂的高贵与否与一个人的社会地位和金钱无关，而与爱有关。

面对爱情，虽然她内心热烈，外表却懂得克制自己，并且不媚俗、不屈从。她对富有的罗切斯特先生说："你以为，因为我穷、低微、不美、矮小，我就没有灵魂没有心吗？你想错了！我的灵魂跟你的一样，我的心也跟你的完全一样！当我们的灵魂穿越坟墓，站在上帝面前，我们的灵魂是平等的。"

在她得知罗切斯特家里关着一个疯了的"妻子"时，她毅然选择离开。最后，当一场大火把罗切斯特的财富烧为灰烬的时候，她又选择回到他身边，这样的爱，是高贵的、纯洁的，也是伟大的。

灵魂高贵的女人虽然平凡，但身躯中却能散发出夺目的光彩，那种光彩足够能照进男人的心灵，赢得他们的尊敬和爱慕。所以，在婚恋场上，女人要获得幸福、赢得精彩，就要先从提升自己的姿态开始，做一个灵魂和心态上都高贵的"公主"！

其实，每个女人都像树上的果实一般，等待男人来采摘。如果把自己压得过低，男人只会把你踩在脚下；如果把自己悬得太高，男人只会驻足仰望，摇头离开；而聪明的女人，则会把自己摆在一定的高度，让男人够得到，却摘不到，当男人使出浑身解数摘到后，定会视她若宝！

· **幸福箴言**

在任何时候，乞求是无法换来爱的，挽救婚姻和爱情的关键，就是要学会以高贵的姿态留住男人的心。

女人如果把全部赌注押给一边，十有八九会输到惨不忍睹！

情场上的"强势"女人，不会去刻意找个肩膀依靠，而是没人依靠时，照样可以开心地走下去。女人的爱情，并不是无私地付出，而是开心地爱并且开心地被爱。

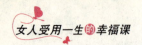

07. 有一种男人，注定给不了你幸福

幸福女人慧语：

☆ 女人总是认为："嫁给爱我的男人，会获得最踏实的幸福。"可是，不要忽略了这一点：幸福的前提是，这个爱你的男人，也是你爱的男人。因为你无法从你不爱的男人那里获得心灵上的愉悦。

☆ 有钱，可以买来豪华的住宅，但是，有爱的地方，才可以真正称其为家。仅仅被爱的日子，其实极其无聊。一个生活中只有"无聊"的女人，会有幸福可言吗？

☆ 一个对自我幸福掌握力差的女人多会选择"爱我的人"结婚，而一个新时代的女人就该大声地向全世界宣布："我会选择'互爱的人'走进婚姻殿堂。"

该选择"我爱的人"还是"爱我的人"，是每个女人一生都在追问的婚姻命题。关于这个问题，大哲学家苏格拉底与他的学生也曾经探讨过。

学生问苏格拉底说："恋爱中，我究竟该找一个我爱的人做我的妻子，还是找一个爱我的人做妻子呢？"

苏格拉底笑了笑说："这个问题其实藏在你自己的心底。这么多年来，你爱得死去活来，能让你感觉到生活的无限充实，能让你抬头挺胸不断往前走的，是你爱的人，还是爱你的人呢？"

学生笑了笑说："当然是我爱的人。可是周围的朋友都建议找个爱我的人做我的妻子。"

苏说："真是那样的话，你的一生就注定会碌碌无为！你选择一个爱你的人，就会停滞你自我完善的脚步了。"

学生立即抢过了老师的话："那我要是追到了我爱的人呢？和她结

婚，会不会就会完美了呢？"

苏说："因为她是你最爱的人，让她活得幸福和快乐会被你视作是一生中莫大的幸福。所以，你还会为了她生活得更加幸福而不断地努力。幸福和快乐是没有极限的，所以你的努力也将没有极限，你会为此而劳碌。但是，真正的爱是无欲无求的，无论你选择爱你的人，还是你爱的人，只要让自己无悔即亦。"

从此处可以看出，哲学家是赞成学生选择"他爱的人"共筑爱巢的，因为爱，可以让他变得更为完美，能让他获得永远向上的不竭的动力。而如果选择自己不爱的人，那么失命就失去了这个动力，生活也注定会被"无聊、空虚"填充。

苏芩说："女人的心，永远不在爱她的男人那里，只会在她爱的男人那里。"这也说明，女人只有从自己爱的男人那里才能获得心灵的愉悦，而这种愉悦感便是幸福感。所以，对女人来说，爱你的男人在逻辑上可能是你不错的选择，但是它却注定给不了你幸福。

生活中，很多女人都认为，身为女人，该找个爱自己的男人而非自己爱的人结婚，这能让自己获得踏实的幸福。持这种观点的女人大都有一种弱势的心态，把自我的幸福寄托在男人身上，这样的女人，即便找一个爱自己的男人，也难以真正地幸福起来。

在外企工作的刘香香长相甜美，工作能力强，但就是感情不如意。今年32岁的她，依旧单身，被家人安排了几次相亲，都未遇到自己满意的。为此，妈妈语重心长地跟她说，这个世界上所谓的爱情都是靠培养出来的，只要人家喜欢你，你又不十分讨厌他，就该试着去交往。

于是，恨嫁的刘香香真的去尝试了，开始频繁相亲，只要对方对她表示出喜欢，而且条件尚可，她就会尝试着去与他交往。

其中一个男孩，长得高大俊朗，在一家金融机构做高管，收入不菲，而且还聪明上进，学历工作都不错，最为重要的是对方很喜欢她，百般讨她欢心。于是，在明知道自己对他没有任何男女之间最基本的吸引力的情况下，香香还是试着和他交往了。其中原因，妈妈的教诲占了三成，自己的虚荣心占了七成。半年后，因为来自双方父母的压力，两人终于步入婚姻殿堂。

可是婚后，香香发现了一个很重要的问题：自己没办法接受他的亲近。他们聊天聊得很开心，牵手走在路上也很开心。但是，每当男方吻她，她就会感到恶心，即便是被动接受，事后还是觉得一点都不美好。香香很快发现，自己从内心来说，根本就不爱他。

随即，香香开始感到越来越后悔，她不该为了当初的条件而勉强接受一个她根本不爱的男人。因为不爱，所以他的很多小细节，比如吃饭时发出声音，比如吻她的样子，都让香香厌恶到无以复加。还未到半年，香香便果断提出了离婚的请求，让双方都陷入痛苦之中。

经历了一次短暂婚姻的香香终于明白，爱情是婚姻最基本的元素，如果男女之间连最起码的化学反应和异性间的相互吸引都没有的话，对方再爱自己，外在条件再好，再被人看好的婚姻，都将是一种痛苦的折磨。

爱是一种化学反应，是身、心、灵的合一，一个女人很难对自己不爱的男人付出爱，并且无条件地忍受他的种种缺点，而不付出爱和不懂得包容的女人，永远是不会幸福的。

有钱可以用来买房子，有爱才能真正称得上一个完美的家。做女人就要做一个对幸福有把控能力的女人，在面对"我爱的人和爱我的人"的两难选择时，毫不犹豫地选择前者。爱的人也许会给你带来这样那样的痛苦，但是一个你不爱的人，绝难带给你真正的快乐和心灵的愉悦感。一个无法令人快乐的男人，千万不要委屈自己跟他凑合。

· 幸福箴言

有人曾说，真爱就是当你知道对方不是自己所崇拜的人，而且还明白对方还有着某一种缺点，却依然选择对方。任何一段美好幸福的婚姻，除了爱情，还不能缺乏一样元素，那就是包容，能够包容自己的，便是适合自己的。这是获得幸福和快乐的基础。但是，要获得这些，前提就是对方必须是所爱的人。

两人结婚过日子的确可以凑合，但是，婚姻也确实会慢慢地消磨掉爱情，但若是一段婚姻起初便被贴上了"无爱"的标签，人这一辈子，会何其无聊、枯燥？对于不爱的男人，你若不肯松手，便是一种自私，也是一种自残。

08. 爱情让女人青春焕发，"独立"让女人优雅到老

❀ 幸福女人慧语：

☆ 有一种女人，嫁给谁都过得蛮好。她们把对生活的要求都寄托在自己身上，而非对方身上。不期待也就不失望，不纠缠也就不受伤。爱情能让她青春焕发，"独立"却能让她优雅到老。

☆ 女人自己内心生长出来的快乐，才是一辈子的。当你不痴缠、不依附、不跟自己较劲儿……独立女人，嫁给谁都能活得潇洒、活得漂亮！

☆ 一个独立且优秀的女人，不仅仅能够征服男人的心，对觊觎者也是一种警示：女人都不敢跟比自己强的女人抢男人，怕输，怕丢脸。

当年的林达年轻漂亮，而且又多才多艺，吸引了很多异性的倾慕眼光，她最终嫁给了一位在某超市担任部门经理的男人。婚后，林达便把自己的全部希望都寄托在丈夫身上，自己养尊处优地在家做全职太太，

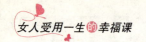

但神仙眷侣般的生活没过几年，丈夫便向她提出了离婚。

拿着丈夫的离婚协议书，林达悲痛欲绝，眼泪不止："当初他费尽心机地追求我，我看他为人踏实，又很有才能，就答应嫁给他了。万万没有想到，他现在居然说要跟我离婚，我真不知道他是怎么想的……"

其实，林达的遭遇实在令人同情，但她的丈夫似乎也满腹委屈："当初的林达不仅长得漂亮，多才多艺，而且特别独立，这正是吸引我的地方。可结婚以后她似乎把自己的一切都托付在了我身上，我说什么她就应什么，没有自己的追求了……"

看到了吧，一个不独立、长期依附于男人的女子，姿态只会显得唯唯诺诺，这样的女人也许会楚楚动人，也许会娇弱可爱，但终会因为失掉洒脱和优雅而失去属于自己的幸福。所以，女人要获得幸福的前提，便是先学会独立。精神、经济和思想独立的女人，会不折磨，不厮爱，不纠缠，不失控，爱情能使她们青春焕发，"独立"能让她们优雅到老。

要知道，在任何时候，一个女人只有当与男人站在同一水平线上，才能具有充满魅力、震慑人心的力量，也才能获得一个男人真诚的爱，赢得真正的尊重。事实上，几乎所有的女人都欣赏精神、人格和经济都独立的女人，因为他们都渴望自己的妻子能成为自己身边对得上话的精神知己。

那些情场上的魅力女人深深知道这个道理，所以，其无论旁边有一个多么值得依靠的人，她们都坚持自己独立的人格，她们所散发出的强大的气场会上男人清楚地知道，她们不止是男人的爱人，她们更是她们自己。

就读于某大学中文科班的吴美楠是一个长相普普通通的女孩子，在别的女孩子心怀"钓金龟婿"的愿望时，吴美楠却一心热衷穿梭于图书馆、健身房等场合。大学毕业后，吴美楠并不顺利，自己住在狭小的租房里，穿行于熙熙攘攘、有些乱、有些脏的闹市里，过着艰辛的日子。

"干得好，不如嫁得好。"有朋友这样劝说吴美楠，"你找一个有经济实力、有能力的男朋友不就可以了嘛，干吗这样委屈自己呢？"吴美楠淡淡地笑了笑，态度坚决地回答："不！我要靠自己，女人独立才美丽！"

靠着自己的不断努力，5个月后，吴美楠终于如愿地找到了一份编辑工作。后来，她的稿子开始不断地在各大杂志、报纸刊登和转载。凭借出色的工作能力，3年半以后，吴美楠又当上了所在杂志社的主编。对此，吴美楠说："我一直都坚信，女人精彩的生活不是男人给的，而是必须靠自己的努力争取。"

令那些心怀"钓金龟婿"的女性朋友们羡慕的是，吴美楠的独立不仅为自己赢得了一番辉煌的事业，同时，还深深地吸引了一位和她同样优秀的男同事，两人喜结连理，事业互助、家庭温馨，吴美楠可谓事业、家庭双丰收。

是的，真正的爱情应该是彼此尊重、彼此独立和自由的。你们不是因为相互需要，而是因为相互欣赏、相互支持才站在一起的。你们不是为了禁锢对方，而是为了帮助对方在独立和自由中得到更有生命力的成长。超越攀附地位，坚持独立自主的女性最难能可贵，其气质也是最具诱惑力的。

所以，你若想在爱情场上获得主动权，要想将自己打造成气质女王，永远都不要泯灭自己的独立性，努力与男人站在同一个水平线上。当你能够拥有属于自己的一片天空，你还害怕这片天空下没有白云吗？

· 幸福箴言

当女人在经济上无法自给自足、内心没有足够的力量抗拒外部世界带来的不安时，就会明白依靠自己是多么重要。当你不必取悦他人，不再担心失去，才能真正感受到幸福和生存的意义。

独立不是要"一个人活"，而是不靠别人也要活得很精彩。女人都该明白，对于爱情当然应该认真，但是千万不能因为爱而忽视了自己的生活、朋友、事业，更不要以为付出一切就会有所收获。如果你在精神上过于依附他人，吸引对方的特质便会慢慢褪色。

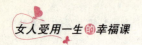

09. 女人要懂得取悦自己

幸福女人慧语：

☆ 女人的优雅和美丽，不是苦水泡出来的，而是乐观养出来的。

☆ 女人要记住，靠取悦男人换来的幸福永远不如靠取悦自己得手的幸福更靠谱。只要懂得取悦自己，不需要取悦男人，男人自会来取悦你。因为，神秘、独立、自信……是男人，都逃不过这样的女性魅力！

☆ 女人最靠谱的幸福，是拼命对自己好，让自己内心丰盛得如女王、让自己外表灿烂得如初阳，一次随心所欲的旅行，一次毫无顾忌的闲逛，都能让心中生出快乐来。女人在任何时候都不要降低自己的生活品质，一旦拥有了内外兼具的魅力，就好比成了一方磁场，不自觉地，众人就愿意纷纷向你靠近。

　　一位女企业家因为经营不善导致公司破产，从此，她就将自己关在屋子里，茶饭不思，寡言少语，终日卧床不起。刚开始，她刚上初中的女儿极力照顾自己的母亲。没想到过了半个月后，母亲发现女儿根本没去上课，原来女儿在上课时总是心不在焉，情绪低落，最终辍学回家。企业家的丈夫在费尽心思寻找到一名心理医生时，还未开口，就开始失声痛哭，边哭边说，这一段时间，他在家里压抑得已经几乎精神崩溃了……

　　这个小故事告诉我们，人的情绪是具有传染性的。一个心情良好、乐观开朗的人跟一个整天愁眉苦脸的人在一起，不到半个小时，那个乐观的人也就开始变得抑郁起来。而相反，一个精神抑郁的人与一个个性乐观的人在一起，也会顿时变得开朗起来。这给女人以这样的启示：要想让别人快乐起来，最好的办法就是让自己先快乐起来。

在生活中，许多女人想获得男人的爱，总会想方设法去讨好和取悦男人，千方百计地为他付出。在女人心中，似乎只要得到了男人的爱，就等于获得了全世界最大的荣耀。于是，越来越多的女人在自己爱的男人面前，都会用委屈自己来换取爱人的快乐！最终，既让自己陷入"不快乐"中，也难让爱人快乐起来。

女人的这种自我牺牲精神固然可嘉，但是你却忘了：快光和幸福是会传染的，你都无法让自己真正快乐起来，如何让你爱的人快乐起来呢？在婚姻中，男人真正爱的是那种懂得取悦自己的女人，这样的女人因为自己快乐，所以，男人也会受传染，也能真正感到轻松和快乐起来。

刘航是一个事业有成的男人，他经过两次婚姻，现如今正和第二任妻子甜蜜地度过七年之痒。是的，他们的感情历经七年，仍旧甜蜜，甜蜜到心里发痒。

周围的朋友都很纳闷，他的第二任妻子无论是从相貌、气质、能力还是温柔体贴方面，都远远不如他的第一任太太，可为何能让刘航对她如此情有独钟呢？有位朋友带着这样的疑问问他说："你到底喜欢她什么呢？"

刘航笑笑，说道："因为，前任妻子总是给我煮南瓜粥，而现在的妻子总是给我喝小米粥。"

朋友听罢睁大了眼，说道："一碗粥就有如此大的魔力，能让你对前任厌，后者宠吗？"

"当然有了！"刘航说，"我喜欢喝南瓜粥，而我现在的妻子则最喜欢喝小米粥！"

朋友更是纳闷："真是奇怪！这算什么逻辑？难道前任不该取悦你吗？"

他说："因为我最爱喝南瓜粥，前妻便天天我熬南瓜粥给我喝，但是她却平生最讨厌吃甜食，她受不了南瓜的甜味。每次熬粥，都是为了我。虽然我知道她很是心疼我，但让她讨厌的饮食让她每天都板着脸。而且，每天早上起来，她熬过粥后，都会耳提面命地让我谨记她的辛苦付出，我很明白她曾为我牺牲掉那么多快乐！其实，在我心里，我真心不希望她为我如此付出，尤其是她每次对我说话的那种压迫感，真的让我难受！现在的妻子则不同，她嫁给我的第一天早晨，便熬了一锅小米粥，很可爱地对我说：'我爱喝小米粥，看来今后你要跟着我一起喝它了！'她爱喝小米粥，每次喝完都很快乐，因为快乐，她会心情愉悦地打扫卫生，送孩子上学。有时，还经常在家里哼起小曲，每次我回到家，都会感到一种温暖和快乐。相比起当初的南瓜粥，我觉得现在的小米粥更能让我喝得舒服、喝得快乐。"

这便是男人的真实心声，也是女人受宠一生的秘诀：取悦男人永远不如取悦自己。所以，身为女人，我们该盘查一下自己，是不是真的做到了用自己的快乐和内心的愉悦去影响自己所爱的人！要知道，快乐是具有传染力的。

心理学家指出，人与人之间，情绪的传递永远是在"照镜子"，你脸上的一切，终归都全反映到对方的脸上。所以，面对你爱的男人，千万别强迫自己去取悦他，因为你的不快乐和不情愿，会给对方造成一种心理压迫感。也千万不要委屈自己去换取一个男人的感激涕零，你的委曲求全只会让对方觉得承受不起。

可见，获得男人的爱，不只是爱他，还要爱自己。只有你真正地获得了快乐，才能让他感到轻松和快乐。真正的幸福和快乐，都是会传染的，同样，内心悲苦、不情愿和委屈，也是会传染的。

- **幸福箴言**

一个懂得"悦己"的女人，每天都将自己打扮得优雅得体。她会在闲暇时候阅读看书、绘画，做自己最喜欢的事，增长学识，修炼人格，提升修养，这样的女人，没有哪个男人会不动心。可以说，懂得"悦己"的女人，懂得做最好的自己，不屈从男人，不依附他人的标准来定位自己，她所焕发出来的生命热情，足以倾倒世人。

懂得"悦己"的女人，其精神是强盛的，哪怕在寒冷的冬季，也会热情荡漾，这种心态足以冲破万千积郁，绽放出心灵之花的香。这样的女人，会活得光鲜、快乐、神秘，是男人，都逃不过拥有这些魅力的女人。

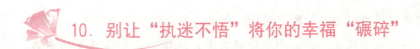

10. 别让"执迷不悟"将你的幸福"碾碎"

♦ 幸福女人慧语：

☆ 那些能在爱情中沐浴幸福的女人，最精通的便是"取舍"之道：放下该舍弃的，争取该得到的，忘记该忘记的，珍惜该珍惜的。

☆ 爱和幸福都是一种体验，一个过程。身为女人，如若太挣扎、太执着地去追求一份爱的结果，最终拥抱的可能只是一段空虚死寂的时光。

☆ 一件事就算再美好，一旦没有结果，就不要再纠缠，久了你会倦、会累；一个人，就算再留念，如果你抓不住，就要适时放手，久了你会神伤、会心碎。有时，放弃是另一种坚持。任何事、任何人，都会成为过去，不要跟它过不去，无论多难，我们都要学会抽身而退。

"前世五百次的回眸，换来今世的一次擦肩而过"，这是万千痴男怨女所信奉和喜爱的一句经典爱情佛语，它源于一个动人温婉的爱情故事。

有一个出身豪门的待嫁女孩，年轻貌美，又多才多艺。媒婆把她家的门槛都给踏破，却始终未见她松口应允，因为她心里住着一个男孩。

庙会时她跟他的一次擦肩，她便永远爱上了他。于是，她每天都向佛祖祈祷，希望能见到他，如有可能希望能和他结为夫妻。

日复一日，年复一年，她的诚心终于感动了佛祖。佛祖显灵。

女孩便央求道："请让我再见一眼他吧！"

佛祖说："可以，但你要放弃你现在的一切，包括爱你的家人和幸福的生活。并且你还必须修炼五百年道行，才能见他一面。你不会后悔吗？"

女孩说："绝不后悔！"

于是，女孩便变成了一块大石头，躺在荒郊野外。在四百多年时间里，她忍受了难以想象的风吹日晒。但女孩觉得没什么。终于，在最后一年，一个采石队来了，看中了她的巨大，把她凿成一块巨大的条石，运进了城里。他们正在建一座石桥，于是，女孩变成了石桥的护栏。就在石桥建成的第一天，女孩终于看见了，那个她等了五百年的男人！

他行色匆匆，像有什么急事，很快地从石桥的正中走过了。当然，他不会发觉有一块石头正目不转睛地望着他。

男人又一次消失了，再次出现的是佛祖。

佛祖说："这下，你该满足了吧？"

女孩说："不！为什么我只是桥的护栏？如果我能被铺在桥的正中，我就能碰到他了，我真的只想触摸他一下！"

佛祖说："你想触摸他一下？那你还得修炼五百年！你已经吃了那么多苦，还要再等五百年，你难道不后悔吗？"

女孩说："我不后悔！"

于是，女孩变成了一棵大树，在人来人往的大道上，她天天观望，期待地等他再来……

又一个五百年过去了。在第一千年的这天，女孩知道他会来了，心中激动不已。这一次，她等待的那个男孩并没有匆匆走过，而是因为暑天人乏，靠在女孩变的那棵大树旁睡着了。她终于摸到他了。他就靠在她的身边。片刻过后，这个男人还是头也不回地离开了。

佛祖再次出现。女孩又一次央求道："我还想做他的妻子！"佛祖说："达到这个愿望的话，你还得再修炼一千年，还要吃比之前更多的苦，你不后悔吗？"女孩有些伤感，问道："他现在的妻子也受过像我这样的苦吗？"佛祖微笑地点点头，然后叹息道："有个男孩又要多等你一千年了，他为了能够看你一眼，已经整整修炼了两千年！"

五百年一次回眸，一千年一次感受。有人说"值得"，有人说"不值得"。男人和女人之间最让人执着和痴迷的，永远逃不过一个"爱"字。但是，女人要明白，爱情本身就是一个体验幸福和快乐的过程，如果太过挣扎和执着地去寻求一份爱的结果，最终拥抱的只有痛苦。遇上了，爱上了，便是尘世的缘分。分开了，就要学会放手，如果太过强求缘分的延续，你的这种执迷不悟，只会将你当下的幸福慢慢吞噬。

梅珊终于决定请大家吃喜糖了，大家都惊诧万分，不是认为她唐突，而是因为她终于下了决心与她热恋了两年多的男友结婚。

梅珊之前受到过伤害，大家都知道那个男孩子，当初与她爱得生死难分，已经到谈婚论嫁时，男孩子突然负她而去，给她极大的打击。所以尽管她与后来的男友关系不错，但因为心里始终放不下前男友，而迟迟不提"结婚"两字。男友也一直默默地关爱着她，只字不提那两个字。

这一天，男友到另一个城市做生意，到了那里才发现货物价格上涨很多，带去的钱不够。于是，便打电话给梅珊让她给他汇些钱过去。他的存折都放在她那里。但他却没有告诉她存折的密码。也许是忘记了，也许是以为她本来就知道，因为他好多次取钱都是与她一起去的，她该知道密码。其实那密码也无非是他们的生日的组合：他是 1982 年 4 月 5

日生的，她的生日是 1984 年 2 月 13 日。

与她一起去的朋友在银行门口等她，她在柜台前填了单子，银行小姐叫她输密码时她才想起忘了问男友，但事已至此，她隐约记得密码是与生日有关。便输了 198245。是男友的生日，但电脑提示她输错了。她又输了 820405，又错了。银行小姐看了她一眼，她便不自然起来。想了一下又输入 542891，结果还是错。银行小姐用怀疑的目光盯着她，她不敢再输号码了。在门口等她的朋友走了过来，问了几句后，便输了 840213，结果密码对了。

在银行门口，她问朋友怎么知道的，朋友认真地对她说："看得出来，他很爱你，做什么事肯定会先想到你，然后才是他自己，设密码当然也会如此啊，首先一定先想到的是你的生日……"

她给他汇了钱之后就给他打了电话，在电话末了她轻轻对他说："回来之后，我们结婚吧……"

对一份抓不住的爱，与其在其中苦苦挣扎，不如及时舍弃。勉强只会使你陷入痛苦，周围的幸福也会慢慢地流逝。既然注定是一段无果的爱，那就学会放手吧，给别人留下爱你的空间，也好让自己有时间去爱另一个值得自己爱的人，这便是女人获得幸福的密码。

聪明的女人，都是以一种随缘的态度对待爱情。这样的女人，不从众，独立，不会为迎合男人而委屈自己。她们乐观、自信，并且不急功近利。她们思维不偏激，行事不过头，既不置别人于死地，也不对自己苛求。她们全力投入生活，但并不渴望生活回报给自己更多。她们在爱情中也是充分地享受快乐和幸福，而不愿对方会给她什么。

爱与被爱，都是件让人幸福和快乐的事情，不要让这些美好的事情因为强求而变得痛苦。对于不爱自己的人，女人要学会理解、放弃和祝福，不要枉费精力，在得不到的感情中苦苦折磨自己，浪费了自己最宝贵的青春年华。

· **幸福箴言**

　　张小娴说："爱情和情歌一样，最高境界是余音袅袅。最凄美的不是报仇雪恨，而是遗憾。最好的爱情，必然有遗憾。那遗憾化作余音袅袅，长留心上。最凄美的爱，不必呼天抢地，只是相顾无言。失望，有时候，也是一种幸福。因为有所期待，才会失望。"

会爱的女人最"幸"感：
真爱没那么累，幸福没那么贵

苏芩说，但凡婚姻中不圆满的女人，大都会把失败的责任推到男人身上：不负责任、不懂女人、不懂生活，不像个男人。但是，几乎没有女人敢于承认：我爱得失败，是因为我不了解自己的优点和弱点。爱情是男人和女人的一场舞蹈，要想舞出幸福和甜蜜来，也是要讲求方法的。婚恋场上，那些爱情甜蜜、婚姻圆满的女人，都是懂爱并且会爱的，她们不仅了解自己的优点和弱点，而且还了解自己身边的男人，并能找到最恰当的方法和利用自己独有的魅力去获得男人的青睐和宠爱。其实，真爱没那么累，幸福也没那么贵，只要你掌握了方法，一切都会变得轻松愉快，幸福便会被你牢牢地握在手中。

 ## 11. 女人愁苦的根源："我的"男人谁敢动

♦ 幸福女人慧语：

☆ 其实，不管女人的尊严也好，爱也好，其中心都是为了维护"我"。

☆ 很多女人在婚姻爱情中难以感受到幸福、品尝到甜蜜，就在于心中永远装着一个"我"字。她们一切行为的目的都是为了"我"，为了满足"我"的精神需求和物质需求，最终将自己拖入永久的苦痛中。

一个 8 岁的小男孩，和离异的妈妈一起生活了很多年。日子虽然过得紧巴巴，但是无私的母爱却让他的童年生活充满了快乐。

一天，他放学回家，看到一位陌生男子——那是别人给妈妈介绍的对象。男孩看到他，便扭头就往外跑。从此之后，他就变得郁郁寡欢，有时候甚至还为此事与妈妈大吵大闹，说："你是我的妈妈，你的世界里只能有我，你爱别人不能超过爱我。"

妈妈语重心长地告诉他："我是你的妈妈，但我也是我自己的啊。"

生活中，我们之所以不快乐，主要在于太过执着于"我"字：孩子说，这是"我的"玩具，其他人不能随便玩；学生说，这是"我的"老师，不允许他特别地欣赏别人，一定要欣赏我；朋友说，你是"我的"朋友，一定要对我够义气、讲信用；家长说，这是"我的"孩子，一定要听我的话。同理，在感情世界中，许多女人之所以享受不到爱情的甜蜜，也主要太执着于"自我"：你是"我的"男人，你要一切都听命于我；你是"我的"老公，不允许任何一个女人去惦记；你是"我的"爱人，你一辈子只能对我好……我们的一切行为和思想，都是紧紧围绕满足"自我"需求而展开，于是也经常会以"我的"名义去要求你的男人，甚至是控制对方，那么，忌妒、仇恨、贪婪、背叛、吵闹、纠纷乃至战争自然就开始了。

苏芩说："上帝给男人一双眼睛，是用来盯上美女的。上帝给女人一双眼睛，是用来盯住男人的。"女人盯男人，主要是因为在她的意识中认为，他的男人是完完全全属于自己的。要知道，你身边的男人在社会属性上是属于你的，但是在生物属性上，他首先是属于他自己的。你的各种强制性的"盯梢"行为，会让男人在失去"自我"的同时，也会排斥你。所以，智慧的女人会把自己身边的男人看成一个独立的个体，尊重他的一切行为、做法，在给对方充足空间的同时，也能牢牢地把男人抓在手中。

今年 35 岁的刘茵是个普通的女人，她的丈夫张俊倒是一家集团公司的总裁，拥有上千万资产，而且长相帅气，知识渊博，为人风趣幽默，再加上他事业越做越大，周围自然有很多女人围着他转。经常会有漂亮的女人给他发暧昧短信，甚至有女人直截了当地向他表白。然而，刘茵却从来不害怕失去丈夫，反倒是丈夫张俊变得唯恐失去她，费尽心机地讨好她，这背后究竟有着怎样的故事呢？

大多数女人在丈夫长年不在家，又疏于跟她联系时，便会感到寂寞、孤独，而刘茵却把自己一个人的生活打理得有声有色。

她一个人在家时，就会安静地看书，有时会流连美味的餐厅，也会在路边咖啡厅静坐良久，看街上的人来人往。

刘茵有许多男性朋友，有企业家、社会名流、文化精英，她经常与这些男性朋友喝茶聊天。这增长了她的见识和智慧。她知道，这些男人有雅致、有情趣、有内涵，就像肥沃的土壤一般滋养着她的心灵。

另外，在闲暇时间，刘茵还经常一个人背着包，去很远的地方去旅游。她哪儿都想去，哪儿都敢去。人生地不熟，语言不通，都不怕！旅行大大增长了她的见识和智慧。

很多人曾问刘茵："你难道不害怕有一天你的男人会被别的女人抢走吗？"她答道："他从来就不是'我的'，他是他自己的。如果他永远能爱我，我当然会高兴。如果有一天，他真的要跟我离婚，我也应该高兴，因为我不会同一个不爱我的人生活在一起。"

一次，有一位漂亮的女人直接向刘茵发起了挑战，那是一个漂亮而时尚的女人。她打电话给刘茵说："我爱上了你的丈夫。"别的女人听到这话可能会气得咬牙切齿，刘茵却笑着说："谢谢你欣赏我的男人。"当张俊回来时，刘茵却直奔上去，搂着他的脖子说："老公你太棒了，刚才有个女人打电话来说爱上你了。"她压根儿就没把这件事情当一回事。

几年过去了，刘茵和张俊结婚12年了，他们依然恩爱如初。许多女人都羡慕刘茵，说她找到了一个好男人。而张茵则毫不谦虚地说，是张俊运气好，能娶到她这样的优秀女人。大多数女人结婚是为了找个男人来依附，使自己的人生更完整。而刘茵却说："婚姻的目的并不是找一个能令我完整的男人，而是找一个可以与他分享我的完整的男人。"

故事中的刘茵是聪慧的，她的婚姻之所以能长久地维持和谐，最主要的原因是她从不认为老公是"我的"，总是以欣赏的眼光去对待对方，同时，在独处的时候也能经营好自己，最终才获得了对方的尊重和爱恋。

生活中，多数夫妻关系彼此都无法忘记对方是"我的"，认为其一切都是独属于自己的、不可侵犯的。只要对方被别人惦记上，便会与其大吵大闹，最终伤了和气、和谐。事实上，在两性关系中，一旦我们觉得谁属于我们，就很容易失去对他的尊敬和礼貌。随之而来的反应就会是去告诉他，他应该做些什么，应该怎么去生活；更有甚者，会认为他就应该听从自己的指使。只要你认为你的伴侣为你付出是理所当然的，这样的婚姻都不会长久，因为没有人喜欢被别人控制。

为此，要想使婚姻长久地保持和谐，一定要忘记对方是"我的"，以一颗平常心去对待对方，学会以朋友的眼光去欣赏对方，这是保持长久婚姻之道的良方。

· 幸福箴言

生活中，女人的多数烦恼、失落或者痛苦，皆源于把"我"与"我的"抓得太紧。试着放下它们，你便能感受到快乐和自由。就像一条健康的鱼一般，它不懂得自己会游泳，于是就拼命地抱着救生圈，以为这个救生圈就是它的一切，鱼儿哪里知道：丢了救生圈，它才能获得绝对的自由。

12. 择男如择衣：感觉舒适最重要

♦ 幸福女人慧语：

☆ 判断一段感情是否持久与牢固，很大程度上，是两人之间的博弈，势均力敌者方能走到最后。势均力敌不仅仅体现在身份和能力上，更体现在两人的才学、性格、能力、兴趣和喜好上。

☆ 苏芩说："金钱和感情孰轻孰重？若只想活着，那金钱最要紧。但想活得开心，那感情最重要。幸福需要两个人精神契合，而不是财产契合。就算有一屋子钱，但话说不到一块儿，到最后必然痛苦。物质上的门当户对不重要，精神上的门当户对才要紧。"

"我见到你之前，从未想到要结婚；我娶了你几十年，从未后悔娶你；也未想过要娶别的女人。"这是钱钟书在他 88 岁时写给杨绛的。他们的爱情堪称经典，他们的婚姻堪称幸福圆满。他们俩之所以能够不离不弃相爱多年从未改变初衷，除了两个人品行优良外，更为关键的是，两人的个性、兴趣、才学、喜好几乎全部相投。两人都出身于书香世家，门当户对，结合令双方的家长也十分地欢喜，无一人提出异议。才学也是不相上下，钱钟书自是满腹经纶，杨绛也是精通外文且文字绝佳。最难得的是性格又恰好互补，钱钟书是孩子心性，完全不通世俗，偏偏杨绛肯照顾他的生活，替他处理世事。对此，有人说，最完美和最幸福的婚姻莫过于此：门当户对，兴趣相投，性格互补，说得来话，过得了日子。

可见，对于女人来说，要想在婚姻中安享幸福，选对伴侣至关重要。也就是说，你与你的另一半在精神上是否契合，是决定你婚姻是否幸福的重要标准。有人说，择男就如同择衣一般，感觉舒适最重要，而对伴侣的选择来说，精神的契合也最为重要。

物理学上，有句话叫作"同性相斥，异性相吸"。在现实生活中，越是生活背景、个性反差大的两个人，往往越能够产生吸引力，原因是，人是好奇心强的动物，越是遥不可及、未知的世界，两人越容易产生吸引力。同时，越是条件相当、个性相近、生活习惯有共鸣的男女，相处起来就越是容易平淡乏味，越不容易产生激情，碰撞出火花来。但是，这样的男女结合，其婚姻安全系数相对较高一些。因为双方都是同一类人，两人在很多问题的处理上，很容易达成一致的意见，对各种问题的处理上，其反差也不会太大。而越是条件、阅历、习性等各方面反差大的男女，虽然更容易撞出激情的火花，但是这样的婚姻安全系数相对较低一些，婚姻出现问题的概率也会大一些，因为观念的不同，会导致婚后生活各个方面的碰撞，这样的婚姻经营起来，需要你掌握更多的技巧随时应付各种难题，否则，很难达到和谐的程度，女人也难在其中享受幸福。

真正能获得幸福的女人，首先一定是清楚自己想要的婚姻的样子，明白什么样的男人能与自己的精神相契合，然后选择最适合自己的。

民国一代才女林徽因之所以一生都能与幸福美满相拥，就在于她用自己的智慧选择了一个好的人生伴侣。

其实，在早年时，浪漫的诗人徐志摩曾对林徽因迷恋不已。年仅16岁的林徽因也对徐志摩的风流倜傥、浪漫潇洒、才华横溢而倾心不已，但她却清楚地知道，这些绝不是她选择伴侣的主要标准。

后来，她遇到了梁思成。与自己相似的才情和经历，近乎相同的文化背景、共同的志趣，精神世界的契合，畅快的沟通，再加上彼此间的欣赏和认同，让林徽因毫不犹豫地选择嫁给梁思成，并选择与他共赴美国学习建筑。

林徽因与梁思成，两人可谓是志同道合。共同的追求，共同的事业目标，能让他们获得灵魂上的沟通。另外，两者在性格上也是互补的。

一个是有灵气的急性子，一个是有耐心的慢性子。林徽因在建筑设计方面颇有灵感和天赋，但她最初在与梁思成一起工作的时候，画着画着就去做别的去了，这时候，梁思成则会默默地、一声不吭地替她完成。

相关科学家曾说，人是唯一一种能够长久接受暗示的动物，与什么样的人在一起，你就会成为什么样的人。林徽因选择了这样一位精神伴侣，才激发了她的才学和对工作的激情，在建筑学领域取得了极大的成就，与梁思成一道完成了颇具价值的《中国建筑史》，成为当时颇有成就的女建筑家，也在梁思成的呵护下，幸福地度过了圆满的一生。

一个好女人是一所好学校，同样一个好男人，也可以是一所好学校。真正的好男人能为女人营造一种良好的精神成长氛围，激发她的才情与潜能，从精神上引领她，成为更完美的自己；也能为她营造一种良好的生活环境，使对方在同自己一起进步成长的过程中，获得婚姻上的和谐、美满以及情感上的愉悦。所以，女人要想在婚姻中获得幸福，一定要选择令自己精神舒适的男人。

· 幸福箴言

女人在选择一个男人步入婚姻殿堂前，一定要追问自己：你们的精神生活有默契吗？你们在价值观上有认同感吗？他的气场是否罩得住你，能让你有一种精神上深刻的依恋？女人要明白，爱情这东西是任何东西所不能替代的，因为你们要过一辈子，一个特别爱物质和一个不太爱物质的人在一起，两个人会互相地冲突；一个特别喜欢社交和一个喜欢安静的人，是没法协调的，这些电光火石的默契是非常重要的。

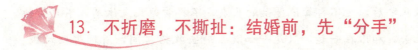

13. 不折磨，不撕扯：结婚前，先"分手"

♦ **幸福女人慧语：**

☆ 时间可以让多数人的婚姻越走越淡，而却可以让另一些人的婚姻越走越甜蜜，而要做到这一点，是需要大智慧的。

☆ 很多夫妻闹矛盾，发生冲突，不是因为不爱，而是因为爱得太多。爱多了，女人的要求就会越多，男人的责任也会越大，身心就会越疲惫。很多人的婚姻不是败在了"无爱"上，而是败在了"疲惫"上。

☆ 女人要想确保一场永不后悔、永不疲惫和永不厌烦的完美婚姻，就需要在婚恋的关键时刻冷静下来，后退一步，精心设计一次"分手仪式"：将两人的关系恢复到最贴心的好朋友的阶段，再将之前情侣间情感的撕扯、不悦，将萦绕在心里的隐隐担忧——进行敲打，你才能真正判断出对方是否是你那个值得托付终身的伴侣。

　　她和他是在旅行的火车上相识的：她就坐在他的对面，杰端看着素洁、清雅的她，犹如一幅画。于是，他便拿出画笔，开始画她。当他把画稿送给她时，才知道，两人在同一个城市。两个月后，他们便坠入爱河。

　　那年，她成了他的新娘，亦如实现了一个梦想，甜蜜而满足。但是婚后的生活就像划过的火柴，擦亮之后就再没了光亮。他不拘小节，不爱干净，不擅交往，崇尚自由，喜欢无拘无束的生活。而她却对他的这些个性完全无法接受，两人经常因为家务琐事而吵个没完没了。而他也觉得她束缚了他的心灵，影响了他的创作。相互没完没了的折磨和撕扯，让他们都身心疲惫。

　　终于，她含泪和他离了婚，但是带走了家里的钥匙。虽然离婚，但他们心里都明白，分开是因为太爱、太在乎，太在乎的两个人不适合做夫妻。

从此之后，她不再管他蓬乱的头发，不再管他几点休息，不再管他到哪儿去，和谁在一起，只是一如既往地去收拾房间，清理那些垃圾。他也习惯她间断地光临，也比在婚姻中更浪漫地爱她，什么烛光晚餐、远足旅游、玫瑰花床，她都不是在恋爱和婚姻中享受到的，而是在现在。除了结婚证变成了离婚证外，他们和夫妻没什么两样。

后来，他终于成为了有名的艺术家，那一尺尺堆高的画稿，变成了一打打花花绿绿的钞票，她帮他经营、帮他管理、帮他消费。他们就一直那样过着，直到他被确诊为癌症晚期。弥留之际，他拉着她的手问她，为什么会一生无悔地陪着他。她告诉他，爱要比婚姻长得多，婚姻结束了，爱却没有结束，所以她才会守候他一生。

生活中，很多人的爱情或婚姻出现两人相互折磨、撕扯，都是因为太过在乎和关注对方造成的。因为太过关注对方，就难免会放大对方的缺点。有人说，婚前是与一个人的优点在谈恋爱，而婚后是与一个人的缺点在过日子。于是，矛盾和冲突就会不断发生。

对此，苏芩说："最良好的夫妻关系，不是火热的激情，也不是温暖的亲情，应该是互相理解的友情状态。这个状态下，双方最容易敞开心扉，这是最舒服的男女相处模式。想要留住男人，妻子要学会做他的好友知己。"所以，真正聪明的女人，在结婚前，会趁爱情和激情还未退去，就会先与男人"分手"，先扯断与男人之间的夫妻关系，在婚后对爱保持淡定从容的心态，不折磨、不撕扯，努力做男人最贴心的好朋友。

《源氏物语》里的花散里，是一个无背景、无美貌、不娇媚，也并不聪明可爱的平凡女子，却能成为源氏夏宫之主，让源氏宠爱一生，始终与其智慧的爱不无关系。

在当时的源氏六条院中，春之宫中有紫姬，貌若天仙，颇得源氏之意；秋之宫中住着的秋好皇后，乃源氏养女，有很硬的背景；冬之宫中的明石姬，秀美聪慧，并诞有子嗣，颇有威望。与这些"大人物"相比，花散里是再平凡不过的，她年纪稍长，相貌平平，最终却陪源氏走到了最后。

花散里最吸引人的地方就在于其雅静平和，宽容大气，善解人意，不妒忌，不苛求。对于源氏她始终保持淡定从容的态度。在搬进六条院不久，她就主动提出与源氏"分手"的请求。在诸多复杂的情况下，她始终都能保持平和淡然，这让她获得了源氏的关爱和信任，成为源氏身边众多女人中最值得信赖的人，甚至曾经放心地将两个孩子先后交给花散里抚养。

在后来，源氏经常不经意间就会到夏宫找花散里，两人分榻而卧，彻夜长谈。这里是唯一一个能让源氏无所顾忌地畅所欲言的地方，也是仅仅说说话就能让源氏安心放松的唯一人选。

婚姻是女人一生最重要的"事业"之一，要经营好这项"事业"，不仅需要耐力、魄力，还需要智力。结婚前，先学着与你的男人"分手"，扯断那些情侣间因为承诺或责任而引发的累人、伤人的折磨，恢复朋友式的尊重与独立。在始终如一地保持独立"自我"的同时，努力做他的心灵伴侣，给他灵魂上的抚慰与愉悦，不在复杂的婚姻生活中迷失、沉沦。不苛求完美，默默地用一份沉静的美与安然的平和去守住自己的爱人，牢牢地握住属于自己的幸福。

- **幸福箴言**

很多女人的爱情之所以会累、会疲惫，就是因为她总把自己的心、感情和情绪交到男人的手里，任由对方的喜怒哀乐摆布。而一些女人之所以爱得轻松，是因为无论在任何时候，都会把"自我"的主动权牢牢地握在自己手中。然后对待自己就会像花朵一样，将自己捧在手心，淡然地爱，平和地去守候。

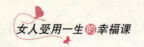

14. 做美丽"公主"，不如做魅力"熟女"

♦ 幸福女人慧语：

☆ 感情很多时候是一场一个人的"战争"。它不是一男一女的对垒，而是与自己内心的交战。爱的能力，不是看你能征服多少异性，而是看你最终能否征服自己内心的软弱！

☆ 美丽"公主"与魅力"熟女"的最大不同就在于心态，前者更在乎别人的世界，希望在别人的世界中演绎自我精彩；而后者更注重内心的自我，并懂得在自我的世界里酝酿幸福。

☆ 淑女的青涩对未来的未知性充满了幻想，而熟女的通透性让她们对自己未来的幸福有更大的把握。

在山上的寺庙门前，有一棵老梧桐树。

每天清早，小和尚都会打开庙门，清扫门前的落叶。某一秋天的早上，小和尚打开寺门，望着满地枯落的树叶，心中一阵悲凉。他放下扫帚，敲开老和尚的堂门。

老和尚见他愁容满面，便问他："徒儿，什么事会让你愁云满面呢？"

小和尚说："师父，你天天劝导我要修身悟道，心静如水。但是，即便开悟了又如何呢？人不都得归于黄土？人，最终都会像树上的落叶一般变成一堆黄土，想想看，这又有何意趣呢？"

老和尚听后，笑了。他来到庭前，指着梧桐树对小和尚说："你只是看到了落叶枯枝，却没有看到上面正孕育着春花夏叶，那是多么繁荣且充满希望的景致！"

小和尚很是不解："我为何看不到呢？"老和尚说："那是因为你心中无景。"

花开叶落，皆是人间的理所当然。小和尚之所以愁云满面，是因为对人世了解不够透彻；而老和尚之所以惬意和平静，是因为其心中拥有对世事的了然于胸的通透性。生活中，那些幸福的女人，皆是靠了"好心态"的恩赐。是否拥有一颗通透明亮、对世事有着了然于胸的心，是一个人能否抓住幸福的关键。"熟女"较之"公主"，更容易获得幸福感，更具有吸引力，让人充满向往，皆是拜了一颗对世事通透明了的心的恩赐。

做美丽"公主"，不如做"魅力"熟女。前者固然温婉柔美如一朵水莲花，有令异性心动的楚楚风致，但是骨子里却少了一份质感和成熟。对待爱情，她们充满了幻想：富有浪漫色彩的红玫瑰、烛光晚餐、钻石戒指、名牌包、婚纱裙……这些"梦"都统统需要身边的男人帮她实现。对待自己身边的男人，她们总是摆出一副高高在上的姿态，让男人处处得以她为中心，否则，就会无休止地吵、闹。而"熟女"则对婚姻和爱情充满了理性，在她们心中，爱只是婚姻的入门标准，但绝对不是婚姻的全部。她们像是一件完整的物品，她们活得个性饱满，永葆魅力风采，只做自己。所以，在男人心中，"公主"型的女人可爱，但只适合做妹妹；而"熟女"则适合做伴侣，只是因为，她们足够通透，对万事万物看得更明彻，会让男人的心中对幸福的感觉更有把握一些。

"公主"型的女人，更关注别人的世界，因为她们总是想从中找出自己未来的人生方向。而熟女则只关注自己的内在世界，因为她们明白：每个人的世界都拥有独一无二的精彩。她们不热衷于绯闻八卦，不醉心于娱乐周刊，她们的枕边放的是有营养的书籍。为此，她们从内而外都能散发一种迷人的气质。同时，她们也不会取悦男人而扮美，从而失掉自我本色，同时也不会为了讨他人高兴而牺牲自我个性，她们比"公主型"的"小女人"更清楚：取悦男人不如取悦自己。

　　在与男人的较量中，"熟女"总能用四两拨千斤的方法矫正航向。男人是船，她们就是藏在男人身体里的舵手。船越大，她们就越有成就感；风浪越大，她们就越有施展的空间。无论发生什么，熟女很少想到要弃船脱逃。不像稚嫩刁蛮的"公主型"女人那样，沉船时永远只弄清楚救生艇在哪儿。可以说，"熟女"给男人的是安心和舒心，男人大多都会选择这样的女人做伴侣。

　　总之，"熟女"的通透性和好心态让她们无论处于哪里都散发着"成熟"的韵味。虽然渐离青春，虽然曾经沧海，她们却仍能够淡定从容。在她们眼里，青春不算是资本，只是一种心态，就算岁月已经在她们身上刻上点点烙印，但她们骨子里渗出来的是内外兼修与风韵无敌的气质。她们通情达理，真实而不做作，让男人喜欢，也不让女人忌妒……她们个性地活着，清醒地爱着，自信地工作着，与孩子一起成长着，被爱人无所顾忌地宠着、爱着……更为关键的是，"成品"女人都是由普通女人"修炼"而来的，她不像精品女人那样高不可攀，但凡每个女人都能通过提升自我修养，扩大见识，修炼强大内心等方式实现。

　　做女人，就该做魅力"熟女"，而不做"公主型"的青涩女，前者因为拥有强大的内心和良好的心态，对自己未来的幸福有更大的把握，能让男人也更能让自己在婚姻和爱情中享受到幸福和快乐的滋味。

· 幸福箴言

　　魅力"熟女"，在自己的男人应酬回家，如果发现一道口红印，不会怒气追问，只会在洗衣服的时候说："这衬衣上是什么呀，这么难洗，下次可一定要注意哦！"当自己的生日撞上了男人的加班日，她会体贴地回话说："没关系哦，明天再补，让我再享受一天年轻一岁的感觉吧！"……这样的智慧女人，因为懂得给男人找台阶下，自然在她的爱情中，就常有台阶可下。

15. 不做绳子，要做磁场：捆绑男人，不如吸引男人

♦ 幸福女人慧语：

☆ 要得到男人的爱，身为女人要做的是一个磁场，而不是一根绳子。捆着他，不如吸引他。一根绳子会让男人有挣脱的欲望，而一个磁场却能让男人在得到自由的同时围着你转。

一个正处于恋爱时期的女孩子问母亲："我们恋爱已经 3 年了，刚开始时我们很是甜蜜，但是我怎么越来越觉得爱情变得沉重了呢？我该以怎样的态度对待爱情呢？"

母亲便轻轻地抓起地上的一把沙子，沙子全部都盛在她微微凹卷的手心里，一粒也没有掉下。然而，当母亲紧紧抓住沙子的时候，沙子则几乎全部从她的手心中散落了，当母亲再次摊开手掌的时候，手心中的沙子则已经所剩无几了。

其实，爱情也就像手中的沙子，你抓得越紧，它就溜得越快。而如果给彼此一点空间，爱才能畅快呼吸，这也是征服男人的关键。

在婚恋中，有的女人需要时时刻刻掌握男人的行踪和心理动态，以避免婚姻中一切不可控、不可知因素的出现，这也是其内心不够强大的自然反应。为此，许多女人也将自己变成了一根"绳子"，想方设法去捆绑男人，于是，家也成为了处处束缚男人的"牢笼"。男人为此也郁闷、痛苦，总是想方设法去想得到更多的自由，而她们则还是变本加厉，绞尽脑汁，想尽办法抓住男人，以期待抓住爱情。所以，很多女人在一夜之间突然就变成了"超级间谍"，男人也在"有妻徒刑"的煎熬中拼命地想挣脱，一旦逮着机会，便会变

本加厉地享受自由，女人也会因此而使幸福溜掉。

　　静娴的老公董华在一家外企做销售，长得仪表堂堂，是个标准的帅哥。他与静娴结婚后，因为生活压力增大，便努力工作，不到一年时间便被擢升为公司业务部的副经理。从此之后，董华比之前忙碌了许多，几乎天天都有应酬。董华开始早出晚归，有时候为了陪客户，甚至还会夜不归宿。这让静娴开始心生疑虑：他真的有那么多的应酬吗？真的是和客户在一起吗？……类似的疑问经常在她的脑中"溜达"，便越想越不对劲儿，她便开始对董华"查岗"，跟踪过几次后，看到董华经常与一群男男女女出入酒楼、餐馆、保龄球馆、咖啡屋这些地方，就更加不放心了。她开始苦思冥想，终于想出了一个对策。每当董华说有应酬的时候，她便开始不动声色。当董华出门后，静娴便会打电话过去，说自己今天得了急病，或者是自己的钥匙忘在了家中，进不去家门之类的……

　　董华是个体贴的男人，听到这些消息便立即返回家，回到家中看到静娴在欺骗自己，先是苦笑，时间久了便开始愤怒、争吵。但是静娴却说自己这样做是为了保卫自己的幸福，接下来更是变本加厉地对董华开始束缚，约束。这让董华很多次都与客户失约，或者半途退场，生意丢了一单又一单。客户说他不讲信誉，经理见他业绩下滑，也给他降了职。面对生活和工作的双重压力，董华痛苦沮丧极了。他没想到，原本温柔可人的爱人一结了婚就变了样子。后来，在压力下，董华与静娴离婚了。

　　静娴如何也想不到，被自己紧紧盯牢的丈夫最终还是"走私叛变"了。

　　无端的猜疑，不可理喻的束缚，只会让女人的美丽丧失殆尽。静娴就是个"绳子"式的女人，她因为把丈夫董华"捆"得太紧，最终亲手断送了自己精心经营起来的幸福生活。

　　现实生活中，愚笨女人会选择做"绳子"式的女人，而智慧女人则会选择做"磁场"式的女人。这样的女人，懂得给爱以充分的呼吸空间，更懂得给丈夫充分自由空间的同时，也懂得利用好独属于自己的时光去丰富自己，装扮美丽，修炼气质，提升魅力，在活出属于自己人生精彩的同时，也会让男人对她欲罢不能，宠爱有加。因为美丽、气质、独立、神秘等，都是男人逃脱不掉的女性魅力。

对女人来说，与其做一根捆绑男人的绳子，不如把时间留给彼此，努力修炼自己，提升自我，做一个吸引男人的"磁场"。

同时，女人也要知道，女人的世界是男人，男人的世界是世界。女人依赖男人，这是天性。但男人在家外还希望能在更大的世界舒展自我，这也是天性。女人不要企图让自己的天性完全取代男人的天性。如果你真的能做到把你的男人牢牢地捆绑在你身边，相信，这个男人已经没有多大的出息了。

• 幸福箴言

对男人要像放风筝，该收的时候收，该放的时候放。如果一个劲儿地用力拉，或者舍不得放弃，那么再结实的风筝也会断线，等到线断的那一刻，你后悔也来不及了。

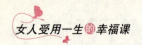
16. 给男人吃"定心丸"，给自己吃"紧心丸"

♦ 幸福女人慧语：

☆ 智慧女人懂得：爱应该是有节制的，该是向善的。因此，好女人对男人只要心怀善意就行了。女人爱得泛滥，爱得匮乏，都会让男人感到紧张、感到烦闷。

☆ 多数女人都是想抓紧男人的，因为大部分女人成家后就放弃了自己的追求，放弃了与社会的沟通和交流，于是便对男人产生紧张感。于是便在婚姻中大演"悬疑剧"：搞跟踪、查手机，把自己变成"福尔摩斯"，搞得男人疲惫不堪，也让自己心惊肉跳。

☆ 智慧的女人懂得：过分的安全只会让自己的价值全失，适当适时地引发男人小小的紧张和吃醋，这绝对是幸福生活的润滑剂。

婚恋场上，有两种智慧女人，都懂得给男人吃"定心丸"，给自己吃"紧心丸"。

一种是朋友较多、交际较广的女人，她们因为有超好的人缘，有较复杂的社会关系，所以很容易使家中的男人产生紧张感。这种紧张感会让男人想抓住女人，让她们放弃与社会的沟通和交流。而这时，女人则会给他们吃"定心丸"，带他们进入自己的交际场所，并将自己的光环全部戴在男人头上，让男人安心。而自己则会在背后给自己吃"紧心丸"：不断告诫自己要守住底线，抵住诱惑。这样的女人，终会得到爱人的宠爱、朋友的眷顾，获得事业、爱情双丰收的圆满结局。

还有一种交际圈子小、朋友少的女人，因为与社会沟通和交流较少，所以会对男人产生紧张感。这个时候，她们会给男人吃"定心丸"，给自己吃"紧心丸"。在男人面前自信十足，对男人的私事从不过问。而在背地里却紧锣密鼓在不断修炼自我，提升自我魅力，牢牢地将男人

"吸"在自己身边。这种女人是乐观的，她们固然紧张，但却能通过调节让自己的心灵变得通达起来，让爱在一种平淡中走得更为牢固和永恒。她们认为，感情这回事放得开，其实就恰恰是一种最好的把握。

一位知识女性，她深爱着自己的丈夫，但是，她爱丈夫，对丈夫付出的同时，从没忘记爱自己。她的丈夫是位成功人士，经常在外出差、应酬，但他们的感情却十分融洽，从未有过一丝半点儿的裂缝。

有人曾问她："你不担心他在外面寻花问柳吗？"这位女士回答说："我和他的爱从来都是平等的。从接受他的爱那天起，我就给予了他极大的信任，我爱他却不苛求他。我希望他更成功、更完美，但我从未把自己的一切都抵押在他的身上。我还担心些什么呢？有些时候感情这种事你放开来看，其实恰恰就是一种最好的把握。"

真正智慧的女人会给男人吃"定心丸"，给自己吃"紧心丸"，她能让彼此都生活在一个比较自由和宽松的环境中，用彼此能够接受的方式来让他知道：我需要你，但是我会更努力让你需要我，这才是我存在的价值，如果你不再需要我，我会找到一个地方放置我自己。

以上的两种女人的最大智慧在于她们懂得：不管是在恋爱中还是在婚姻中，女人的独立都是有条件的。尤其是如何把握好独立与依赖的平衡关系，是女人一定要把握好的一门学问。一般来说，婚姻中的平衡度是不好把握的，女人若太过独立，会让男人找不到感觉，女人若不太独立，又会让男人感到太累。所以，独立的女人在实际的生活当中，一定还要有些女人味十足的东西，比如理解、宽容、善良、见地、胸怀等，来作为平衡夫妻之间关系的一个法宝，这是女人与生俱来的性别特点所决定的。做一个既独立又在某些方面依赖男人的女人，才能使婚姻平稳地向前迈进。

婚姻把男人和女人做成了合订本。其实，最好的婚姻是男女应成为有内在联系的单行本，表面上要互相独立。

感情是最在乎尊重和平等的……不用说，有见地、有胸怀、善解人

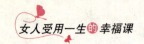

意的女人，男人自然会感受到她的可爱之处。因为男人爱上一个女人的同时，并不希望自己在女人的无视中变得惴惴不安，更不希望自己在爱的约束下丧失自己的一方世界，男人在乎爱情的默契、宽容和理解。因为这样的爱既能让男人感受到温暖，也不会阻止男人身心释放地闯荡人生——毕竟，在男人的眼里稳固的爱情婚姻是自己的，但它却不能代表人生的全部。

- **幸福箴言**

过分的安全会造成无价值，过分的紧张会造成矛盾，偶尔的小小的紧张和吃醋，会是幸福生活的润滑剂。

婚姻当中的双方都要学会克己，因为从两个人开始恋爱的那天起，就决定了他们之间必定要互相影响对方，完善自己，修正各自的个性和生活习惯。各人有各人的天地。空间是让婚姻内有新鲜空气流通的最好的办法。有了空间，婚姻就有了成长的天地，能够成长的婚姻才是最好的婚姻。

17. "管"会让他口服，"疼"则会让他心服

🌷 **幸福女人慧语：**

☆ 英语词汇 "man" 这个词，既是"丈夫"，也是"雇工"。对于女人来说，好男人是"管"出来的，更是"疼"出来的。很多时候，"管"他能让他口服，而"疼"他则会让他心服。

☆ "爱"是征服人心最有力的"武器"，对你的男人施与爱，会在无形之中降服他的内心。感情是心灵沟通的最好桥梁，充满感情的说服犹如和风细雨、润物无声，让对方在无形中认可你的观点，顺从你的劝导。

有一位男子邀请了几位朋友到家中来做客，男子不停地抽着烟。他的妻子便轻轻地打开了窗户，没有一丝的言语。有一位朋友就悄悄地问他的妻子说："你怎么不阻止他抽烟呢？抽烟对身体有害的啊！"

妻子听罢，笑了一笑，说道："对他来说，抽烟是极为快乐的，如果他能活到 100 岁，我宁愿他只活到 80 岁，而不愿意他不快乐地多活 20 年。"

这话就被那位男人知道了，他便毫不犹豫地戒掉了烟。周围的朋友问他为何这么快就戒掉了烟，他说道："我有这么好的老婆，我为什么要选择少活 20 年呢？"

这是女人管教男人的一种智慧："疼"他会让对方体会到甜蜜的感动和舒心的理解与宽容！它是一种平等的相处，一种自然情感的延续，它需要相互间的理解与尊重。

生活中，许多女人都喜欢依照自我的观点和方式去纠正男人身上的种种不足与毛病，试图以自己的方式将男人改造成一个全新的老公，总是希望男人能依照自己的规划去执行。比如，经常会拿男人不换衣服、不做家务等卫生习惯来对男人大加批评、指责！然后，列出计划，让男人执行。时间一久，男人会心生厌烦，因为没有一个人喜欢被人强制地做事情。女人在男人心目中的魅力也会尽失，同时，男人也觉得自己家里住了一个管制自己的"女王"，家也是一个需要遵守太多规矩的地方，如此一来，家庭所代表和承载的港湾式的意义就荡然无存了。

据不完全统计，多数男人在女人眼中至少有一千个以上需要改造的地方，所以在情场上，男人无论如何做，还是会令女人不满意。于是，男人便很容易会因此而想逃离家庭，离开女人。其实，在情场上，真正聪明的有魅力女人，从来不采用强制的方式去改造男人，这种方式不仅劳心劳力，而且还不讨好。她们懂得，男人会因为爱选择与自己在一起，会因为爱走进婚姻，但这并不代表他愿意在爱的约束下丧失自己的一片天空。在婚恋中，男人更希望获得一种默契、理解和宽容，而非批

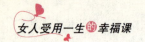

评、指责和约束。如果自己经常让男人在家中不能够获得自如愉快的感觉，那么，其家庭的吸引力就会逐渐地丧失，那么，他也会渐渐地对女人产生反感甚至厌恶！

聪明的女人是富有智慧的，她们会以尊重和疼爱丈夫为原则，在对方舒舒服服愿意接受的情况下，才说出自己的意见或提出自己的建议。

柳梅和丈夫结婚10年，依然是甜甜蜜蜜的。丈夫每次回家都会给她一个大大的拥抱；吃饭时也会主动给她夹菜，去外地出差，总会给她带几件心爱的礼物……

这让周围的姐妹都羡慕不已，都说柳梅有福气，嫁了个如此体贴的好老公，而且还再三向她盘问夫妻间的"幸福秘诀"。

柳梅说自己并没有什么秘诀可以传授，只是在生活中很注意"疼"老公并注意给他留面子。在她卧室的墙上贴有这样一个字条，上面是她制定的"家规"：第一，历史证明老公永远正确，家里的一切都由他做主；第二，万一老公不对，仍参照第一条执行。

后来，老公在感动之余，又在"家规"上加了这样一条：夫人享有总裁决权。

聪明的女人懂得，要想得到爱，先得学会给对方施与爱。男人都有叛逆心理，如果一味地强加制止，只会引来不必要的争端和吵闹。与其这样，不如先对他施与爱，让他在舒舒服服接纳自己的情况下，再改变他。

强制性地"管"他，只会让他口服而心不从，而"疼"他则会让他心服口服。真正聪明的女人会用理解和爱去经营和守卫自己的幸福，让双方都生活在比较自由和宽容的环境中，用彼此能够接受的方式让对方懂得：我需要你，但是我会更努力地让你需要我，这才是我存在的价值。如果你不再需要我，我会找到一个地方放置我自己，决不强制对方去做什么或者履行什么。

· 幸福箴言

　　女人要明白，最好的家庭绝不是最整洁的屋子，最温暖的家庭也绝不仅仅是一个整日操劳的妻子就能够代表的。当我们不断地企图纠正对方的各种坏习惯的时候，忙着将对方变成另一个自己的时候，我们是否应该停下来想一想：是否我们根本就是在爱那个潜在的自己，而忽略了对方的感受呢？有些东西在你的生命中是必需的，但在对方的生命中却未必，你拿自己的理念去要求别人，本身就是极专横的表现。爱应该有适度的自由，否则就会成为牢笼，对方会渴望挣脱。你真的爱他，或者想和他过一辈子，就要接受他与生俱来的弱点，就要尽力学会去尊重他、帮助他，别勉强他、嫌弃他。

18. 让你的婚姻充满活力

◆ 幸福女人慧语：

　　☆ 幸福的婚姻最需要的元素，便是相互间的理解、包容和扶持。有了这些，你的婚姻生活才会充满活力，才不至于如死水一潭。

　　☆ 一辈子的爱人，不是一场轰轰烈烈的爱情，也不是什么承诺和誓言。而是当所有人都离弃你的时候，只有他在默默陪伴着你。当所有人都在赞赏你的时候，只有他牵着你的手，嘴角上扬，仿佛骄傲地说："我早知道。"不要因爱人的沉默和不解风情而郁闷，因为时间会告诉你——越是平凡的陪伴，就越长久。

　　一位男子患了中风，整个左边的身子都不能动弹了，心里十分痛苦。周围的朋友都去安慰他，可他却说："我不为自己的病治不好而难受，而是担心我的妻子会离我而去。"

　　没多久，他的妻子果真离开了他。亲友们都骂那位女人薄情。男人

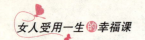

却说："不要责备她，是我不好。"

接着，他便忏悔道："她做饭忙不过来的时候，我坐在电视机前无动于衷；她生病需要去医院的时候，我以工作忙让她一个人前往；她买了件衣服，满心欢喜地问我怎么样时，我的眼睛甚至根本不瞟上一瞟；她需要我陪伴的时候，我为了赢得上司的青睐，在办公室陪他们打扑克甚至到深夜；她想和我聊天的时候，我不是在电脑前忙碌就是困得想睡觉了，给她的时间少之又少。我们的婚姻早就因为我的这些行为而处于中风状态了，只是我原本没有觉察到。现在我左边的身子不能动了，我一下子便感觉到了。"

后来，有人把这些话说给了男人的妻子，男人的妻子非常感动：既然他这么说，我也就回去吧。在女人的精心照料下，男人渐渐康复。

有一次，他们一起在黄昏中散步。女人问："怎么会想起婚姻也会中风这样的事来？"男人说："当我的右手因蚊子叮咬而奇痒的时候，我的左手一点反应都没有。假若我没中风，会出现这样的情况吗？过去，你那么辛苦，而我却一点都不去分担，我想，这就是婚姻中风了。"

现在，他们已成为一对恩爱夫妻，因为通过那场病，男人发现了一套新的婚姻理论：夫妻应该像左右手一样。左手提东西累了，不用开口，右手就会接过来；右手受了伤，也用不着呼喊和请求，左手就会伸过去。如果一个人的左手很痒或者很疼，右手却伸不过来，这个人的身体一定是中风了，或者是瘫痪了。

当两个人真正地步入婚姻殿堂，当爱情的激情逐渐地退去，生活变得平淡如水的时候，当浪漫的心情冷却，当柴米油盐酱醋茶的生活琐事将岁月无情地夺去之时，我们时常会感受到婚姻的乏味和枯燥，另一方便不会再主动去关怀对方，久而久之，随着不良情况的加剧，两人之间的感情便很容易会处于疲惫的状态。所以，对于女人来说，幸福的婚姻是需要经营的，而要经营好婚姻，除了相互间的体谅、沟通，还要在适当的时候给平淡的婚姻加点激情。

他和她属于青梅竹马，相互熟悉得连呼吸的频率都相似。时间久了，婚姻便有了一种沉闷与压抑。她知道他体贴，知道他心好，可还是感到不满，她问他："你怎么一点情趣都没有？"他尴尬地笑笑："怎么才算有情调？"

后来，她想离开他。他问，为什么？她说："我讨厌这种死水样的生活。"他说，那就让老天来决定吧，如果今晚下雨，就是天意让我们在一起。她看了看阳光灿烂的天空说："如果没下雨呢？"他无奈地说："那我就只好听天由命了。"

到了晚上，她刚睡下，就听见雨滴打窗的声音。她一惊，真的下雨了？她起身走到窗前，玻璃上正淌着水，望望夜空，却是繁星满天！她爬上楼顶，天啊！他正在楼上一勺一勺地往下浇水。她心里一动，从后面轻轻地把他抱住。

不可否认，婚姻是需要一点情趣的，它犹如沙漠中的一片绿洲，让我们疲劳的眼睛感到希望和美，适当地给 "左手" 和 "右手" 一种新鲜的感觉吧！这是预防婚姻 "中风" 的一个极好的方法。

> **· 幸福箴言**
>
> 　平淡是婚姻生活的常态，也是让婚姻处于疲惫状态的因素。但是，爱情归于平淡后的婚姻生活虽然是朴实、平淡的，然而，它却像炉火一般，能给你带来一生的温暖。左手拉右手的感情固然缺乏了耀眼的光芒，无法迸发出炙烈的火焰，但它却让你心静如水，让你舒适十足，能陪你熬过无数个漫漫冬夜。当你从寒冷中回到家中，伸出冰冷的手，让淡淡的炉火烤着，你的心也会温暖十足。为此，当所有的激情都归于平淡，女人也要懂得从平淡中去体味幸福的滋味。

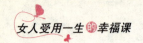

19. "幸福"是经不起"晒"的

♦ 幸福女人慧语：

☆ 幸福本身就是一个很玄的东西，它经不起"晒"，你若是太在乎它，总是一览无余地把它暴露在众人的面前，它就越是不可靠。

☆ 有句话说，你内心缺少什么，就会炫耀什么。一个女人总是"炫"幸福，说明其内心缺乏幸福，至少说明她很在乎幸福这回事。而一个内心真正富足的幸福女人，是不会把幸福挂在嘴边的。

"看，这是我未婚夫刚给我买的大钻戒，这上面的钻石足足有 2 克拉，他已经向我求婚了，别提多激动了呢！"

"喏，这是我老公出差回来送给我的新包包，在国内，它可是价格不菲呢！他呀，出国什么东西都不舍得买，但对我花钱那可是真的很大方。"

"昨天情人节，我男友送的 999 朵玫瑰，把我家都给塞满了，真是幸福死了！"

......

很多女人，只要得到男人的宠爱，都爱高声宣传。把钻戒、耳环、鲜花、洋酒拿出来晒，无非是想让别人知道自己的老公或男友有多么地疼爱自己。但是，那些爱晒幸福的女人，通常都是不幸福的。心理学家指出，爱晒幸福的女人，内心都是自卑的，她们要通过晒幸福来获得他人的肯定。同时，这类女人也是过度自恋的，要通过炫耀幸福来满足自己的虚荣心，她们的内心也是缺乏安全感的。晒幸福是寻求内心稳定的重要方式，同时，也表明她们的生活是空虚的，婚恋幸福是生活的唯一重心。

苏芩说，爱炫、经常晒幸福的女人，早晚要不幸福！也就是说，幸福的爱情经不起"晒"，晒完之后，无论是你还是你周围的人，都会对你和他的爱情报以最高的关注度：

周末，他有没有带你去游玩？如果没有，他是不是对你冷淡了？

情人节，他有没有带你去吃烛光晚餐，有没有送你钻石之类的贵重物品？如果没有，他是不是开始忽视你了？

周围人都开始对你的爱情标准严格要求，不允许你们有一丁点儿的懈怠之处，稍有懈怠，便认定：你很不幸福。

为此，在这种压力下，你内心也开始生出许多不满的情绪来：一定要做大家眼中最"幸福"的情侣，一定要将这项"令人羡慕"的"事业"进行到底！在这样的情况下，女人经常会把自己搞得很累，那也意味着自己的幸福丢失了。

另外，真正的幸福是经得起"细水长流"的，如果一开始你就把幸福的泉水喝了个精光，到后面自然也只能喝白开水了。

所以，女人请记住，幸福是经不住晒的。"晒幸福"无非是想让自己的脸上多点光彩。但是，你却没意识到，晒过的幸福很容易变质。你每晒过的一个地方，就会多一些人去关注。你们的幸福承载着很多人的祝福和关注，这只是在给自己徒增心理压力，如此这般，幸福就很容易被蒸发掉！

· 幸福箴言

真的幸福，就算不去晒，别人也能看得出来。

保护好"幸福"，给彼此足够的空间。

晒幸福可能会给情侣中的另一方造成压力。

"珍惜幸福"比"晒幸福"重要得多！

让你自己的爱情"零负担"。

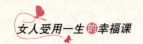

20. 给爱留一条出路：你转身的姿态也可以很优雅

 幸福女人慧语：

☆ 好心态的女人，对感情大都持这样的淡定态度：感情的事，大半是由于情投意合，合则来，不合则去，人能够约束自己的是道德和责任，而非爱的感觉。

从前有一位书生，因为要进京赶考，暂时要离开未婚妻。在进京前，他与未婚妻约好等他回来之后，一定与她共结连理。

然而，半年多过去了，书生进京赶考回来了，而他的未婚妻却嫁给了他人。书生深受打击，心中绝望极了，从此便一病不起。

于是，书生的家人四处求医，但病情还是毫无起色。有一天，书生的家门口路过一个僧人，说自己完全可以看好他的病。书生的家人就让他进了家门。僧人没有直接给书生把脉，开药方，而是从怀中拿出一面镜子给他看。只见镜子中一片茫茫大海，一名遇害的女子一丝不挂地躺在海滩上面。旁边路过许许多多的人，但是这些人都只是看一眼，便摇摇头，走开了。

一会儿，又路过一个好心人，就将自己的衣服脱下来，将女尸盖上之后便走开了。一会儿，又经过一个人，走过去，便挖了坑，并小心翼翼地将尸体掩埋了。

书生对此十分地惊愕，那僧人却对书生解释道："那具海滩上的女尸，就是你未婚妻的前世。而你是第二个路过的人，曾经只给她过一件衣服。她今生只有缘与你相恋，只为还你一个人情。但是，她最终要报答一生一世的人是前世曾将她掩埋的那个人，那个人就是她现在的丈夫。"

书生随即大悟，从床上坐起，病愈！

这个故事告诉我们：凡事有因有果，如农夫之播种，种豆必然结豆，种瓜必定是结瓜，毫无虚假！面对失去的感情，我们要懂得及时放手并学会优雅地转身，给爱一条出路，以免让痛苦淹没了自己。

其实，给爱留条出路，懂得优雅地放手是对生活的一种豁达的大度。对于抓不住的感情，与其苦苦挣扎，不如及早放手，给别人留下爱的空间，也好让自己有时间去爱另一个值得自己爱的人。

面对老公一而再、再而三的感情背叛，张欣很是痛苦。她跑到路边的墙角，蹲在地上，开始失声痛哭起来。她默默地抬起头，看着橱窗里倒映的那个女人：肤色暗黄，一束凌乱的头发潦草地扎在后脑后面，臃肿的身体"盛"在暗黄色的水桶裙里，脚上穿了一双很随意的白色旧的凉鞋，这些颜色混搭起来，很不美观。

这些年来，她为他操持家务，做饭、洗衣，什么都做得很好，唯独忽略了自己。年轻时的她，本是一个眉清目秀、文静腼腆、不染尘埃的淡雅的女子，与当下的她完全是两个不同的模样。她呜咽着，心头像堵了块大石头，觉得自己就是个失败者。此时的她很清楚，她与丈夫的缘分真的走到了尽头，她唯一的出路就是要让自己强大起来。

回到家，她打了一盆温热的清水，洗净泪痕，化了妆，换了时髦的时装，完全还是个美人。随后，她又翻开本子，用漂亮的字列出一张新的生活计划表。她从此不再为他朝九晚五煲汤、做饭、洗衣。早上吃包子、喝豆浆，晚上和同事一起做美容、练瑜伽、学化妆，然后在西餐厅吃个饭。周末，她请小时工做家务。报了一个平面设计班，又学习素描画。她的生活焕然一新，每天都兴高采烈。他也发现了她的变化，很是鼓励，同时也让他有了更多的自由和空间。她对他隐忍不发。失败的感情，可以让一个女人变得丑陋，却可以让另一种女人激发出美来。半年过去了，她的气色好多了，已经能独立设计让自己满意的作品来，素描画也画得让众人称赞，她有点底气了。

在27岁生日那天，她到商场给自己挑了一件薄薄的灰色羊绒衫，一件白色的呢子外套大衣，烫了漂亮的波浪卷发型，化了淡妆，优雅地坐在沙发上。他下班回来，她把离婚协议书签好递给他，提着箱子潇洒地扬长而去。

他措手不及，目瞪口呆。她什么也没带走，除了几件衣服、日用品和一张10多万元的存折。价值几百万的房子、车子，包括那个刚刚升任部门经理的男人，她都放弃了。她容忍不了如此不信守承诺的男人。随后，她到了一家大型的广告策划公司，从普通员工做起。尽管收入不高，但这是她人生的一个新起点，她有足够的时间和动力去挑战新的工作。熟练的设计、优雅的衣着、卓越的能力，都让她成为一个魅力四射的女人。28岁，她开始慢慢地升职加薪，一直到设计部总监。4年后，32岁的她拥有了自己的一家广告公司。她开始与一位位追求自己的优秀男士约会，独享爱情带给自己的美好。其中，有一个有留学背景、家道殷实的男士，欣赏自信独立的女人，对她展开了猛烈的追求。他听说了她的前一段婚姻，非常认真地说："如果不爱你了，会直接说明，决不会隐瞒。当然，只要你永远可爱，我对你绝对忠诚。"她微笑着点了点头。

她之前是被庇护的，但现在才是被尊重的，这可能才是真正成熟的爱情吧。因为她懂得及时放手，才有了如今幸福而快乐的生活。

不可否认，失恋或婚姻破裂，对于任何人来说都是一杯难咽的苦酒，尤其对于情感细腻的女性来说，那种烙在灵魂深处的伤痛有可能会一直伴随着自己整个生命的旅程。但是，你要知道，在爱情的世界里，不是每一朵花都能如期地开放，也并非每一朵花都能结出果实来。对于感情来说，当你爱一个人而得不到回报的时候，在你付出千般努力也无法得到一个许诺的时候，在你因爱而受到伤害的时候，与其苦苦地挣扎其中与自己较劲儿，不如坦然面对，优雅地转身，重新找到属于自己的幸福和快乐。

失去的已经失去，人生的道路还很长。失去一段不属于你的恋情，并非真的要那么遗憾，因为，在你的生命里必定还有一段更完美的、属于你的爱情在等着你去投入。所以，当爱情走远时，你一定要学会优雅地转身！

· 幸福箴言

有人说，女人之所以会在失恋中感受如此深沉的痛苦，是因为在感情中付出太多，回不了头。也有人说，女人面对失恋不妥的应对方式加深了这一痛苦，她们就像对待嘴里长的溃疡，越痛越要去舔，越舔又越痛。要解除痛苦，唯一的方法便是学会豁达地放手。若抓不住时，就请潇洒地放手吧！我们没有必要为失去的而痛苦，更没必要为了他人而憔悴。当一切都结束了，你却还沉溺在过去的痛苦与思念里走不出来，仍然站在那个被伤害的地方，心中还怀有一丝幻想，这样只会使你的能量消耗殆尽。结束了就意味着不要再去回味，不要再去触摸彼此曾经一同拥有的点点滴滴，不要在过去中沉沦自虐！

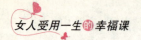

三等女人靠美貌，二等女人靠头脑，
一等女人靠心态

> 女人如何才能让爱情中的幸福之花常开不败？有人说靠美貌，有人说要靠头脑。但是，生活中，那些真正幸福的女人，皆是靠了"好心态"的恩赐。一颗大容量的心，是人生最可贵的财富。当时光流转，渐渐你就会发现：有些看起来很糟糕的事情，其实并没有你所想象的那么糟糕。
>
> 要想在爱情中长享幸福，三等女人靠美貌，二等女人靠头脑，一等女人靠心态。一个拥有好心态的女人，无论外面刮风还是下雨，也无论生活中是否有爱，心房中都住着快乐的精灵，随时都能播撒下幸福的种子，盛开出太阳般美丽的花朵，最终温暖自己，温暖他人。

 ## 21. 幸福，永远属于自找幸福的女人

🌸 幸福女人慧语：

☆ 女人，只有让自己内心变得强大，能轻松自如地主宰自己的生活，自找快乐，生活才会真正对你微笑。

☆ 有一种女人，不管她的老公是谁，她都有能力让自己过得幸福，变得快乐。

☆ 有位哲人说，一个家庭幸不幸福，80%以上取决于女主人。有能力让自己幸福，有能力给男人幸福，才是聪明的好女人。

一位国王总觉得自己过得不幸福，于是便派一位士兵四处去找一个感觉幸福的人，然后将使他感到幸福的事讲给他听。

这位寻找幸福的士兵碰到人就问："你幸福吗？"

但是对方总是有类似这样的回答：不幸福，我没有钱；不幸福，我失去了亲人；不幸福，我得不到爱情……就在这位士兵不再抱任何希望时，从对面被阳光照着的山岗上传来悠扬的歌声，歌声中充满了快乐。他们随着歌声找到了那个"幸福人"，只见对方躺在山坡上，沐浴在金色的暖阳下。

"你感到幸福吗？"

"是的，我感到很幸福。"

"你的所有愿望都能实现？你从不为明天而发愁吗？"

"是的。你看，阳光温暖极了，风儿和煦极了，我肚子又不饿，口又不渴，天是这么蓝，地是这么阔，我躺在这里，除了你们，没有人来打搅我，我有什么不幸福的呢？"

"你真是个幸福的人。请将使你活得如此幸福的事情讲给我听吧！国王会重赏你的。"

"什么事？我刚才说的就是使我活得如此幸福和快乐的原因啊！"

……

有温暖的阳光、和煦的风儿，有饭吃，有水喝，无忧无虑，幸福就是如此简单，只要你愿意，随时便可以感受到幸福。但是，生活中，很多女人的幸福似乎都与男人的爱密切相关。这样的女人总把自己当成男人的依附，会不自觉地陷入一种"男人给我幸福，我就幸福；男人不给幸福，我就不幸福"的被动状态，这样的女人，因为缺乏自我独立的意识，所以总是很难获得幸福。然而，生活中，还有另一种女人，她们的内心是强大的，无论和谁在一起，无论嫁给谁，她都有能力让自己过得幸福而快乐。

柳媚是一个家庭主妇，中等相貌，学历也不高，却嫁了个好老公。

老公原来只是一所学校的老师，他们住在筒子楼里，生活很是艰辛。她在烟熏火燎的楼道里为老公做饭，饭后老公会陪着她边洗碗边聊天；周末他们会手拉手去看电影。柳媚觉得这样的日子虽然清贫，但却觉得甜蜜幸福。

后来，老公开始经商，几年后，事业有成，柳媚过上了物质丰裕的生活。但是，老公陪她的时间却越来越少。而柳媚却并不感到伤心，她每天与闺密一起逛街，做家务，忙得不亦乐乎。老公的生意越做越大，身边不乏有很多漂亮、成功的职场丽人。尤其是一个叫张妮的女性，与老公的关系很是暧昧不明。柳媚周围的姐妹都为柳媚打抱不平。但是柳媚却依旧像往常一样，看自己的书，种自己的花花草草，照顾刚上小学的女儿。

每天老公回家的时候，她会给他递上舒服的拖鞋；在他起床洗漱的时候，会提前给他挤好牙膏。她对烹调的兴趣越发浓厚，时不时来些新奇的花样。比如把香蕉切成小块，浇上酸奶，然后裹上全麦饼干屑；去凤凰旅游的时候学会了用蒜叶和新鲜芫菜加干辣椒炝炒；跟婆婆学会了做四川泡菜……种种的小创意，让他在外面吃习惯了大鱼大肉的老公回到家里来就会忍不住多添一碗饭，赞一句"还是家里的菜好吃"。柳媚也会把周末的时间精心策划起来，待老公有空的时间，带上孩子，开车到附近的农家乐，踏青，郊游。如果老公没空，她就会自己带着女儿到儿童乐园，或者是看最新上映的动画大片。每次娘俩儿都会开心地回家，女儿大声欢笑，柳媚红光满面。

老公总是担心，如果柳媚询问那个令人难堪的问题，他不知道该如何回答。但是柳媚却丝毫不理会那件事，只管自己开心地过日子，从不多问一句。当然，她也不断地在改变自己：她恢复了几分婚前活泼可爱的样子，穿衣打扮越发地精致；她参加了瑜伽课，学打网球；组织姐妹旅行团去夏威夷，回来后容光焕发。她甚至开始学习画画，竟然可以与一些知名的设计师交流心得了。老公突然也觉得，这个小女人身上原来有如此大的能量，自己深深地为之吸引。可以说，无论在何时，在怎样的状况下，柳媚都是一个快乐十足的幸福女人。

很多女人总觉得嫁个好老公就能让自己幸福，但实际上，女人的幸福不是靠男人给的，而是靠自己去寻找的。女人要有让自己幸福的能力，让自己获得快乐的资本。热爱生活，照顾好家庭，不冷落自己，发展自己的兴趣和爱好，自找快乐，如此女人才能让自己获得真正的幸福。

- **幸福箴言**

幸福源自满足，但是满足的感觉不取决于你在什么地方、做什么工作、你拥有什么，而在于你对自己、对待事物的各种态度。

无论你信与不信，所谓的幸福，总是在那些积极、乐观，做什么都不肯放弃的人的手中。

男人的确可以带给女人无限的幸福和快乐，但是，如果你在一个人的时候不能让自己快乐，那么，你和男人在一起的时候未必会幸福。

22. 美丽让女人骄傲一时，自信让女人魅力一生

♦ **幸福女人慧语：**

☆ 自信的女人，目光不会漂浮、游离，因为她知道内敛的性情能释放出无穷的魅力。

☆ 在这个处处充满竞争的社会，男人不再是女人的主宰，女人也早已不是男人的附庸。

☆ 苏芩说，男人眼中的"世界"是世界，女人的"世界"是男人。女人征服世界，其实是征服某个男人。女人要征服男人，拿下"世界"，真正要靠的是除"美丽"外的自信的魅力。

　　自小在美国长大的卡斯琳是一名炙手可热的女模特，年仅 19 岁的她已经是许多国际知名品牌的代言人了。像她这样的优秀模特，给人的印象应该是非常漂亮迷人才是。但是，当与她真正接近时，你才能发现她的相貌其实很平常，至少有很多女模特比她要出众。这令许多人都感到不解，这样一个长相普通的女孩怎么会如此受人欢迎呢？记者采访她时，向她提出了这样的疑问。

　　卡斯琳笑笑，说道："这个问题许多人都问过我，的确，如果单论相貌以及身材条件，很多女模特都比我优秀。不过我却有一个她们都比不上的优点，那就是我对自己充满了自信。有自信的女人才有魅力，不是吗？如果一个女孩子连自己都不相信，她即便是再漂亮，人们也不会欣赏她。"

　　卡斯琳说得没错。每次活动，当她走在舞台上时，都是那样的精神饱满，完全把女性的魅力都展现出来了。但是，反观其他一些模特，却缺乏自信，所以走在舞台上的时候，她们完全少了一份精气神。

　　对女人来说，人生也是在不断展示自我的一个大舞台，有自信的女人才最能展现自己的魅力，获得男人的青睐和宠爱。所以，要做一个受人关注的幸福女人，一定要懂得培养自己的自信心，让自己的魅力完全展现出来，这样才能不断地给男人以惊喜。

　　美貌可以让女人骄傲一时，自信却可以让女人魅力一生。当女人充满自信的时候，她会精神焕发，神采奕奕，即便是在遭遇困难和挫折的时候，你也能够用积极的心态去面对现实中的挫折和不幸。这样的女人，才是最有魅力、最受人青睐的。同时，自信的女人不一定有倾城之貌，但一定有惊鸿之态，她的那一份优雅，一种沉稳，宁静的眼波，淡淡的妆容，清雅的笑容，永远散发出诱人的味道，似陈年佳酿，让男人陶醉，似品香茗，清淡，回味深远。自信的女人不会孤芳自赏，亦不会哗众取宠，她能以自己最饱满的热情征服别人。男人靠能力征服世界，而女人靠自信征服男人，就是说，自信是女人征服男人、拿下世界的拿手"本领"。

史书上说诸葛亮"身长八尺，容貌甚伟"，用现在的话讲就是：身材魁梧、相貌堂堂。加之他学问又大，人品又好，在当时可谓是"青年才俊"。

中国人历来就讲究"郎才女貌"、"英雄美女"，当时的小乔、貂蝉都是依靠绝世美貌成功嫁得了青年才俊周瑜与吕布。而丑女黄月英能成功嫁得有经天纬地之才的诸葛亮，凭的就是那份自信。

黄月英长得丑，而且奇丑无比：身体硕壮，皮肤粗黑，蓬头黄发。在当时，她的父亲黄承彦只是一位名士，家境也不算殷实。但她却一心想找一个仪表堂堂且有经天纬地之才的夫君。尽管那些条件不错的，都曾经一度被她的长相吓跑，但却丝毫动摇不了她嫁好夫君的决心。

后来，听说诸葛亮学识人品俱佳，就很倾慕他，于是托父亲主动提亲。

看到自己的女儿如此自信，黄老先生自然信心满满，勇气十足。他对诸葛亮说："在这个世界上，我女儿是唯一能配得上你的女人，你也是唯一一个能配得上我女儿的男人！"

诸葛亮自然纳闷：家中女儿长得奇丑无比，话还能说得如此自信，想必这位女人该有不凡之处。几番接触下来，诸葛亮渐渐地发现，这位丑女很有才干：不仅对政治有几分见解，对兵器还颇有研究。这让诸葛亮喜出望外，原来自己捡了个"金镶玉"。

据说，他们夫妇婚后的生活相当幸福。诸葛亮随刘备出山后，一直南征北战，黄月英在家中辛勤操持家务，抚养孩子成长。绝顶聪明的她，还帮诸葛亮发明了会磨面的木头机械人。后来，诸葛亮的"木牛流马"就是在这位丑妻的帮助下发明的。随后她又发明"连弩"，出奇制胜。总之，诸葛亮在前线之所以能百战百胜，很大程度上都是这位丑妻的功劳。

因为自信，原本丑陋的黄月英在诸葛亮眼中也变得美丽多了。

由此可见，一个女人只要拥有了自信，便能彰显出巨大的吸引力，也便拥有了征服男人、拿下世界的魅力。拥有自信的女人就像一颗闪闪的明星，震撼男人的心灵。所以，女人，从现在开始，请不要再为你的相貌发愁，只要大胆自信地昂起你那高贵的头颅，充满激情地向本真的自我大声喝彩，你便拥有了势不可当的魅力。

也许你不够完美，但世上哪有真正的完美？坦然地接受自己，积极地收集构成自信的元素，把自卑扔出天空外，将自己的本色发挥到淋漓尽致，你生活的每一天都将充满灿烂的阳光，整个世界都会为你喝彩！

> **· 幸福箴言**
>
> 一个自卑的人是没有气质可言的，那种自卑的心理足以让你黯然失色。所以，要想提升魅力，先甩掉内心的自卑。
>
> 在当今的社会，"男人追求的极致是成功，女人追求的极致是幸福"的名言也日渐黯然失色。女人学会自我拯救和自我完善永远是最重要的。渴盼男人赐予你幸福永远是被动而不安全的。

23. 物质能抵多少幸福

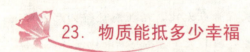

幸福女人慧语：

☆ 很多女人把幸福看得太过于物质，幸福其实来源于内心！

☆ 女人衡量幸福的标准似乎总与物质密切相关。不可否认，有钱的世界的确很华美，能让一个女人的生活变得绚丽起来。但是，"钱"真的是衡量幸福的标准吗？有了钱，真的就能得到幸福吗？未必！

上古时期，后羿和嫦娥是因自由恋爱而结合的一对夫妻，两人一起相扶相持，恩爱无比。后羿曾为造福黎民百姓，用弓箭射下九个太阳而受众人所拥戴，这其中，离不开嫦娥的支持。后羿也因此对妻子感激不已。

但是，两人在一起生活久了，总会觉得无趣。结婚多年，日子早已平淡如水。身为妻子的嫦娥难免会生出一些不满情绪来。正值年轻貌美的她，不甘心就这么守着这个男人慢慢变老，她需要的是富有激情的生活。

后来，后羿便从王母那里求得了仙丹，一个人享用可得道成仙，二人分享可以长生不老。他欣喜若狂地想回到家与妻子一起分享，准备与嫦娥做不老夫妻。但是，嫦娥却动摇了：一辈子守着这个男人，日子该有多么地无趣。最终，她便趁丈夫不在，偷偷吃了仙丹，平地升空，一直飞升到月宫中，成了真正的神仙。

月宫里寂静无人，嫦娥常常感到从未有过的孤单，慢慢怀念起与丈夫在一起的生活：虽然那个男人不浪漫，也有些无趣，但他好歹是深爱着她的。当初他对她的好，让她心中充满了温暖。从此之后，嫦娥开始不断地后悔。月宫里美食、锦衣数不胜数，可是，失去了与自己一起分享的人，这些锦衣玉食有何意义。

做个寂寞的富婆其实根本不幸福！嫦娥拥有了一切，但是却真正地失去了幸福。

在某个夜里，嫦娥乘月下界，到了之前的家，她隔着窗户，看到了往昔的恋人：紧皱眉头，满目惆怅，呆呆地望着月亮。嫦娥的心猛然抽动了一下，她第一次发现自己丢了生命中最重要的东西。但是，内心再后悔也是徒劳，她正在接受因一时贪婪而受到的惩罚：那就是要在广寒宫冷冷清清地忍受生生世世的煎熬。

成仙的感觉并不美好！同样，有钱的感觉也并不是我们所想象的那般美好。锦衣玉食，身边如果没有真正能与你分享的人，一切都变得无意义。可见，物质抵不了任何幸福，因为幸福根本与物质无关。

　　刚刚结婚时，他们收入都不高，过着十分清贫的日子。在一间租来的小屋中，仅仅只有10平方米的小空间，被一个简单的衣柜隔开，前面只是煤炉案板组成的临时的厨房，后面则是一桌一床，算是他们甜蜜的小卧室。

　　床是硬板床，因为空间太小，所以只有一米宽。一个人睡都不太宽裕，两个人睡在一起，几乎翻不了身。每一天晚上，她都会像只小猫一样蜷缩在他的怀中，贴着他宽阔的胸膛，感受着他热烈的心跳，呼吸着他温暖的气息，她觉得满屋子都飘着幸福的味道。而他则总是紧紧地抱着她，像要把她的骨头揉碎了一般，是无尽的呵护与疼惜。

　　那样的夜晚，她经常做甜蜜的梦，就像春天里的花儿，绽放着灿烂的娇颜。他说："等将来我有了钱，一定给你买大房子。"她还兴奋地说："我们把每个房间都放上大而柔软的床，想睡在哪儿就睡哪儿，想怎么睡就怎么睡……"

　　就在刚刚结婚的时候，他们俩共用一台电脑。他要炒股票，她要写稿。两人总是会争着用电脑，他的股票该卖了，编辑催她的稿子了。他们俩经常挤在一起，将屏幕的窗口缩小一半半，再各自错开。一个人看股票行情，另一个人则在文档上打字。他的股票涨了，她就跟着欢呼雀跃；她写出动情的文字，他也会跟着击掌赞赏。在空闲的时候，他们俩就共在电脑上玩游戏，头挨头，手握手，齐心协力地对付看不见的手，或者会从电脑上面下载大片，她就安静地靠在他的怀中，看得泪眼婆娑。

　　刚结婚时，因为经济条件不好，他们共骑一辆自行车。尽管两人的单位一南一北，但他却仍旧坚持每天早晨骑车先送她上班，然后再穿上大半个城市去自己的单位上班。晚上下班之后，他就会重复同样的路线，去接她回来。虽然要绕极远的路，但对于相爱的他们来说，所有的距离都是美景。街头的蛋糕店中有她最喜爱的芝士蛋糕，路南的农贸市场门口有他喜欢的糖炒栗子，街心花园是他们经常逗留的地方，他们经常傻傻呆呆地看着情侣手拉手散步，老人慢悠悠地打太极……他在前面慢慢地骑着，而她在后面会揽着他的腰，忽然也会跷起双腿，自行车清脆的铃声一路叮叮当当地响过，仿佛是幸福在唱歌。

到后来，他们的收入高了，终于有了属于自己的大房子，在房间中放着两米宽的大床。宽阔舒展的大床，可以随心所欲地翻身。每天晚上，他们一人一床被子，各自守着属于自己的城池。有时候，她很想靠着他的胳膊撒撒娇，而他却会毫不留情地推开她，埋怨道："你已经压得我喘不过气来了，如此宽的床怎么还不够你睡啊？"而她却只好悻悻地挪到自己的那半边，床中间空出一大片来，仿佛是无法逾越的天堑。

到后来，他的事业越做越大，经济条件好了之后，就马上买了一台笔记本电脑。新的电脑就放在卧室中，两人一个在书房中，一个却在卧室中。他可以随心所欲地玩游戏，看股票，而她则可以自由地写白天未完成的稿子、逛网店，没有争执，没有嬉闹，相互间也没有任何的抱怨。她闲下来的时候，很想找他一起分享快乐，而得到的却只是冰冷冷的一个背影或者是QQ上一句短促的"我要处理很多事情呢"。两人虽然同在一个房子中，但是她感觉到从一个房间到另一个房间的距离真是太过遥远了。

后来，他的事业蒸蒸日上，就买了车。但是他实在是太忙碌了，再也没有时间接她去上班了。突然有一天下了大雨，她下班后没打到车，回到家后却淋成了落汤鸡。她对他抱怨，而他却只是轻描淡写地说："我没有时间去接你，不然，明天你自己去挑一辆车吧，这样彼此都方便一些！"她顿时无言，想起了当年在自行车上的美好时光，泪流满面。

生活中，很多女人都将物质与幸福联系在一起，似乎有了物质便握住了幸福。事实上，很多时候，物质上的丰裕并不能给你带来真正的幸福，相反，还会拉开心与心之间的距离。

在一本名叫《蓦然回首》的小说中，有这么一句话："真正幸福的生活，并不是什么轰轰烈烈，而是一壶水，简简单单，平平淡淡，而在加热时，却也会泛起一些波澜……"其实，真正的幸福，其实是人内心的一种感觉，它与外界物质的多寡无关。一个心灵富足的人，哪怕物质再贫乏，内心也是快乐和幸福的。一个衣着体面、每天出入高档写字楼的人未必就会比路边摆小摊的人快乐。每个女人都有属于自己的幸福，能和自己两情相悦的人牵手未来，能依照自己内心的想法做自己想做的事，那就是幸福。

- **幸福箴言**

幸福其实就是平淡生活中的一种温馨的感觉，在安宁状态下的一种甜蜜的体验，在宁静状态时的一种舒心和惬意的味道……当你早上睁开眼睛，看到满屋的阳光时的舒心的感觉，便是一种幸福；在阳光明媚的上午，抱着自己喜欢的书，坐在露天的阳台上，享受风吹过、文字划过的清凉，便是幸福；在小雨淅沥的午后，安静地走在雨中，望望在雨中不断跳舞的小草，不断地听听雨滴落在世界中的声音，便是一种幸福；在华灯初上的傍晚，在闲散地走在路上听到一首熟悉的老歌，驻足，让回忆在脑海中逐渐地清晰，便是一种幸福；在繁星漫天的夜晚，和心爱的人坐在田野旁边静静地欣赏美景，都是人生难得的幸福，它与物质的多寡无关。

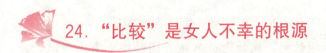

24."比较"是女人不幸的根源

幸福女人慧语：

☆ 女人幸福与否，跟自身需求没多大关系。女人幸福与否，跟她周围女人的幸福有莫大关联。一个女人不幸福，往往是从她看到了"别人的幸福"开始的……

☆ 一个人总是在仰望和羡慕着别人的幸福，却发现自己也正被别人仰望和羡慕着。幸福这座山，原本没有顶、没有头。不要站在旁边羡慕他人的幸福，其实幸福一直都在你身边。

马和驴共同生活在一个棚屋下，它们外表相像，但生活却不同。它们食槽的样子差不多，吃的却不同。每天，主人都会给马添足了精美的草料，给驴的料却要粗糙得多。吃完之后，马都会被牵出野外去运动、训练，而驴则是留在家里的磨房里不停地拉磨，驮货物。马回来后，还有人为它洗澡刷毛，驴却被牵回棚中，没有人理睬。对此，驴很不服气，认为主人太过偏心，羡慕马的生活真是轻松，常常对马唠叨不休，还说："如果我是你，那该有多幸福啊！"

一天晚上，入睡前，驴子又开始向马唠叨开了，马终于忍不住对驴说："你只看到了我吃的比你好，不拉磨，就下结论说我比你幸福。但你从没有上过战场，根本不知道我冒着生命危险，在枪林弹雨中冲锋、负伤时的样子。那时，你还认为我比你更幸福吗？"驴听了，便不再言语了。

其实，生活中许多女人不幸福的根源多源于攀比。她们追求的是幸福也就罢了，怕就怕在她们追求的是"比别人幸福"！对女人来说，哪怕收入微薄，哪怕身居陋室，哪怕粗茶淡饭，只要不去外面"比较"，

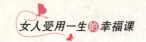

都没问题，但是一到外面，众人杂堆一议论，心中马上会生出许多失落感和不平衡感。

"她职位比我高，收入比我多，所以，她比我幸福！"

"她嫁的老公是金领精英，我的老公只是普通的小职员，所以，她比我幸福！"

"她儿子上的是名牌大学，我的孩子连大学都难考上，所以，她比我幸福！"

……

女人的"不幸福"，永远是一串清单，而清单上的每一条款，大多都是与别人"比较"得来的。心理学家指出，人正是因为在人群中习惯了仰视，所以才滋生出许多烦恼来！生活中的幸福是用来感受的，并不是用来比较的。然而，我们总是习惯于拿那些比我们强的人进行攀比，这样就常常会迷失自己，让本有的幸福与我们擦肩而过！

有道是：山外青山楼外楼，比来比去何时休？"好"只是相对的，只要把握当下，谁都可以拥有属于自己的幸福，为何要比来比去的呢？人也只有用心去感受自己的幸福，才能真正体会生命的美好。

刘梅与丈夫一同用积累了十几年的工资买了一套二居室的新房。房子是他们精挑细选买下来的，交房后，两人又一同商定了装修风格，一同买自己喜爱的家具。一切就绪，一起搬进了新家。每天下班后，看到与爱人一起筑起的"爱巢"，刘梅心中都会泛起一阵温暖，脸上的笑容也变得甜蜜多了。

然后，没过多久，她的这种美好的感觉却被朋友的另一套房子打碎了。原来，刘梅的一位好朋友最近也买了一套房。装修后，对方就打电话让刘梅到家中来参观。朋友的房子地段很好，而且房子还特别的大，里面的装修都采用高档的材料。刘梅从朋友家中回去后，脸上的笑容就消失了。她原本的幸福，被好朋友"更好"的房子给冲击掉了。

"比较"的心理会冲击掉原本幸福的感觉！要知道，别人的房子再好，花的钱自然要多，付出的辛苦也多，那就让对方"更好"吧！自己不想太轻，不想背负太大的负担，买一个舒适的小窝，独自感受当下的惬意的生活，不是很好、很幸福吗？

与他人"比较"，往往会让你只看到别人的光环，会给自己带来诸多阴暗和不愉快的感觉。怀有比较的心理去工作或者生活，即便再有优势，也难免会使自己的心理失衡，也不会有愉快的感觉。比较是极为危险的，会让我们忽略或者不满足于自己所拥有的，会让我们错失掉很多美好的东西；比较会挑拨起我们的野心，也是在诋毁我们自己所做的一切努力，让我们所得的和已经拥有的变得毫无生机和意义……

所以，要想永久地生活在幸福之中，就不要再去比较了，而是用心感受自己当下所拥有的一切吧！

· 幸福箴言

我们常常看到的风景是：一个女人，总是仰望和羡慕别人的幸福，一回头却发现自己，正被仰望和羡慕着。其实，我们每个人都是幸福的，只是你的幸福常在别人的眼中。

苏芩说："女人都爱'比较战'。'比较战'中的女人，没有赢家，比来比去，最终会毁了自己的好心情，甚至会毁掉自己的幸福。"

幸福，不是用来炫耀的，也不是用来比较的，而是用来感受和体验的。生活，是用来体味的，而不是用来比较的。

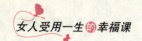

25. 女人最动人的气质，莫过于"沉静"

幸福女人慧语：

☆ 真正的力量，来自内心，是一种由内而外的沉静与自信。即使不言不行，自有一种动人心魄的气势。

☆ 沉静的女人，必有一颗淡然的心，面对人世纷杂，她们总能从容地应对花开花落。纵然自己深爱一场，也可以做到平静地别离；纵是爱到深处，也不肯热烈地拥抱甚至将自己燃为灰烬。她不会将自己置于落魄的境地，在任何时候，她都足以让自己优雅地行走，宠辱不惊，在平淡中体味幸福的味道。

☆ 信守安静的男人，总能获得女人更多的青睐；懂得安静的女人，总是更容易让男人生出爱慕的心。这就是所谓内敛中蕴含的力量。

苏芩说，热情可以帮你拓展人际，孤静能让你沉淀内心。有些成功者有蓬勃的爆发力，但有大成者，内心中总会有股安然的静力。可见，沉静是一种力量，并且是能让人挥发强大气场的力量。生活中，内心沉静的女人，给人的是一种遗世的安静与优雅的美。那种涤尽了世间铅华、看穿红尘人情冷暖的非凡美丽情怀，让她们如开在广漠尘世里的一枝幽兰，尽管有过惆怅与失意，疼痛与遗憾，但仍能保持清雅的姿态，在日光下冷静地观人情冷暖，在月光下安然地静守光阴流逝，不受一丁点人间烟火的熏染，只携一抹清淡的幽香轻轻走过浮世流年。这样的女人散发出来的气质是最动人的，也最能从平淡的生活中体味到幸福的滋味。

有一个记者采访一位著名演员："在喧闹的人群中，你会选择什么方式引人注意？"这位演员说："我会选择沉静地坐着。"是的，沉静地坐着，沉静地微笑，沉静地站在世界的面前，这种沉静所流露出来的自信、端庄、高贵是很能引人注意的，是很有穿透力的，它足可以让人在喧哗中停下来。可见，沉静是一种极富吸引力的力量，能让女人在瞬间气质和魅力大增，让女人幸福一生。

张敏是个优雅的沉静女人，尽管相貌平平，着装也不名贵，也不佩戴任何名贵的首饰，但无论她走到哪里，都会成为众人中的焦点。

一天，张敏受邀参加一场宴会。宴会上的人有很多，她在一个较偏僻的位置上坐了下来。这时，衣着华丽的刘晓和安娜走了过来，张敏友好地冲她们微笑。刘晓和安娜一向高调，总爱在人前显摆自己。安娜看了张敏一眼便说：“张小姐，难道没有人请你去跳舞吗？我们两个可是被邀请跳了两支舞了，好累啊！”张敏听罢，只是笑笑。

刘晓接过话说：“我觉得，你该买件像样的晚礼服，你身上的这件衣服看上去很旧了啊，早过时了吧，而且它跟你的气质毫不相符啊。在这种宴会上，穿得不漂亮怎么能吸引男士的目光呢？”张敏继续沉默，只是微笑。

“哎哟，你的脖子也是空空的哟，该佩戴一些像样的首饰才对。”安娜一边说，一边摸着自己脖子上那条珍珠项链。就这样，张敏始终都保持微笑。她觉得，只要她们两个人说累了便自会停下。

就在这个时候，宴会上最优秀的男士朝她们走了过来，刘晓和安娜激动不已，嘴里不停地叨念着：“你看，帅哥向这边走过来了……”可她们没想到，这位男士却把手伸向了张敏：“美丽的女士，我能请你跳支舞吗？”张敏微笑着把手伸向他，说道：“当然！”

张敏回过头向刘晓和安娜一笑，说：“不好意思，我先失陪了。”接着，她便和那位优秀的男士步入了舞池，而站在他们身后的安娜和刘晓却气得直跺脚。

由此可见，沉静是一种美丽、一种积蓄、一种深刻，更是一种气质。一个沉静的女人，是有修养和有内涵的，她们流露出来的气质是最富有吸引力的。所以，女人要提升自我气质，就要学着练就内心的沉

静，它是一种让人着迷的力量。

工作中，沉静的女人总能够认真投入，尽量做到最好，对上不会唯唯诺诺，对下也不会挑剔万分。在生活中，沉静的女人高雅且极具涵养，不为金钱物质而盲目，不为奢华而轻易地搁置自己的一生。她们懂得真爱才是幸福的港湾，即使裸婚，小家的幸福也能将温馨与爱的气息聚拢。她们在无人知道自己的付出时，不去表白；在没有人懂得自己的价值时，不去炫耀；在没有人理解自己的志趣时，活着自己——活着自己的执着，活着自己的单纯，活着别人读不懂的痴醉，活着自己美丽的梦想，这是人性中最美的姿态之一。

> **· 幸福箴言**
>
> 在悠长的岁月中，当记忆之闸门拉起，沉静会使你保持一颗平常心。那些失之交臂的遗憾，那些有意无意的错失，那些目睹了他人春风得意后的艳羡、自卑，都会在沉静的姿态中一笑而过。因为一切都是句号，一切又都是起点，不以物喜，不以己悲，忧乐循环，其妙谛不在对局，而在过程。当然，要保持沉静的姿态，是需要内在自持、自省、自重、自强与内在安详气度的"支撑"的。

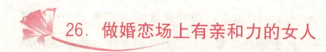26. 做婚恋场上有亲和力的女人

❤ 幸福女人慧语：

☆ 在生活中，男人最为钟情的还是有亲和力的女人。亲和力是一种无声语言，它可以让女人还未开口就能散发出强大的吸引力。

☆ 陆琪说："许多姑娘很平凡，没那么漂亮，没有优越的家世，赚钱多少都是一样过，最爱和朋友吃吃喝喝。这样的姑娘，看起来普通，但其实不平凡。……平凡有什么不好呢？平凡的，才是幸福的。"

《东京爱情故事》中莉香的迷人之处，就在于她的乐观和坚强。尤其是她的充满善意的温暖且感人的微笑，给人留下了深刻的印象。

她刚与完治相识，每当两人遇到不快，莉香总是会在第一时间冲他微笑，那种贴近人心的邻家女孩形象，能让人在瞬间充满温暖与力量。同时，她的自信、洒脱，那种拼命努力去爱他人并相信他人的善良，都让人备感心疼。

莉香要去美国工作，但心中还是忘不了完治，于是便和完治商量好在车站见面。当时的完治一直在犹豫，等完治到了车站后，莉香已经走了，错过了见她的最后机会！伤心的她在火车上大哭一场，接着便去了美国，在这期间，他们就再也没有联系过。

3年后，已成为夫妇的完治与里美于回家路上竟遇莉香，莉香对着完治的仍是那令人回味无穷的笑容。

不可否认，莉香那阳光般的心态与温暖人心的笑容，时时给人以温暖和力量，可谓暖心、暖胃。

有亲和力的女人给人的是一种家常的味道：不仅暖心，而且暖胃。对生活积极乐观，能时时没心没肺地爽朗地大笑，充满了吸引人的亲和力，她们是街坊大妈眼中的"好闺女"，是邻家妹妹眼里的"好姐姐"，也是同事们喜欢共事的"好搭档"，是人人乐于交往的热心肠的"好姐们儿"，更是男人眼中的好女人、好妻子。正如苏芩所说，身为女人，如果你想被喜欢，那就需要高雅。如果你想被爱，那就必须"通俗"一点，太高雅的姿态总让人有压力。因为笑容满面、家长里短、柴米油盐，世俗的背后，是实实在在的人情味，男人都爱女人具有亲和力。

张勋是个事业有成的男人，但还未娶妻。最近，他同时喜欢上了两个女性，刘萍和万澜。刘萍是个长相普通的女孩，长得不算漂亮，打扮也较朴素，但是性格开朗且总是爱笑。与朋友在一起，随便一个冷笑话或者一个逗人的动作，都能让她笑上半天，所以她从来不缺朋友。而万

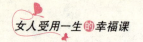

澜却是个千金小姐，学历也较高，工作也较好，但是总是给人一种冷冰冰的感觉。其实，在张勋眼中，她们都是较为优秀的女子，他一时也不知道如何选择。

有一次，张勋带几个朋友到刘萍那里玩，她住的地方有些简陋，但是阳台上放的一大瓶野菊花让她的小屋充满了生机。快到中午饭点时，张勋说要请刘萍出去吃西餐，而她却笑着说："今天你第一次上门，作为贵客，我该做东才是。"于是，二话没说，便独自下厨房，系上围裙开始忙碌了起来。

厨房中的刘萍装扮虽然朴素简单，乳白色的T恤，牛仔短裤，身上系着围裙，让她浑身上下都充满了女人味，而这些正是高高在上的万澜所缺乏的。也就是在那一瞬间，张勋便下定了决心，选择刘萍做自己的终身伴侣。促使他下这个决心的理由很简单，刘萍虽然穿戴朴素，相貌平平，但却是个积极乐观并且懂生活的女人，这也让他坚信：与这样的女人在一起生活，将来自己无论遇到什么困难，她一定会与自己同甘共苦。

不可否认，有亲和力的女人是十足的魅力女人，她们身上时时所散发的亲和力便能将人与人之间的隔膜消于无形，接近心与心之间的距离，从而赢得众人的认可。她们在与人交往上，总能以友善的口吻，脸上也总是会挂着微笑，能让人在瞬间对其产生好感。同时，她们也是更懂得生活的女人，对幸福的婚姻和爱情有着极好的把控能力，无论处于何种境地，她们都能让男人充满温暖和力量。这样的女人，很难让男人不着迷。

为此，要做一个幸福的魅力女人，就要勇于脱去自己身上的"庸俗"气质，拔掉自己身上的"刺"，提升你的内涵，绽露你的微笑，散发你的亲和力去感染他人，融入人群。正如苏芩所说，有亲和力的女人最大的能耐就是能将"雅"与"俗"如奶油和面团一样揉得均匀，她们没有"雅"得那么高不可攀，也没有"低"得惹人生厌。她们了解人性，透悟人情，能较好地融入人群，并与其他人融洽地合作共事，这样的女人是最有魅力的。

> **· 幸福箴言**
>
> "人情味"十足的女人，有一颗爱世界和爱生活的阳光般的心。其实亲和力很多时候都是一种气质，不需要立太多的规矩，随心，随性。面对周围善意的眼神，她时时能对周围的人和事报以诚挚的微笑。
>
> 在两性交往中，女人独有的亲和力是快速征服男人的武器，这种亲和力叫作：尊重内心、不俗不媚、宽容随和、通情达理。

27. "不动声色"的女人最能守住幸福

❤ 幸福女人慧语：

☆ 不动声色的女人懂得花于无声处绽放最美，人于宁静里凝香愈浓。所以她们不会情绪化，不惯于张扬，为人不温不火，做事不急不躁，同时还懂得时时沉淀自己。

☆ 做一个有吸引力的女人，一定要做到不动声色。一个不动声色的女人，要做到以下几点：1. 不抱怨生活，努力去想解决问题的方法；2. 不贪图安逸；3. 感受友情，广交朋友；4. 勤奋工作；5. 降低负面影响，少接受负面消息；6. 生活的理想，树立目标；7. 给自己动力；8. 规律的生活；9. 珍惜时间；10. 心怀感激，把注意力集中在快乐的事情上。

一对夫妻，因为双方个性的差异，总是发生这样那样的矛盾或冲突。男人在发怒时，女人总是不动声色，让着男人，任由男人埋怨、生气。这让男人总是对她心存感激，他们的婚姻也为此持续了70年之久。

在他们结婚70年庆典上，老头就问老太太说："老婆子，你为什么

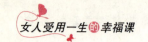

每次吵架总是不动声色地让着我啊？"

老太太说："因为你是我老公，不管怎么说，十年修得同船渡，百年修得共枕眠，就算我吵赢了，又能怎么样？赢了道理，却输了感情，我可输不起啊！"

对女人来说，不动声色是一种动人的气质，是女人在男性心中最富有吸引力的重要品质之一。不动声色的女人能将如花般的外在美与似水般的柔美结合起来，凸突显出女人极为丰富的内涵，其在一颦一笑、一回眸一展颜间，便能透出别样的女人味来。

不可否认，女人大都是易于感情用事的，生活中一丝的风吹草动都有可能会轻易地对她们造成伤害。但是，不动声色的女人，则能够在任何时候都能镇定自若地面对生活中的种种琐事。不动声色的女人，集成熟、独立、宽容、风情于一体，永远不会因为岁月的流逝而失去光泽。不动声色的女人，可以让你在轻描淡写间应对一切的变化，让她们在挑衅中透露着稳重、独立和成熟，在张扬中尽显内敛和妖娆。不动声色的女人，会绕过岁月，将美丽和幸福进行到底。

刘刚下班后就立即给妻子赵蓉打电话，说自己要加班，要晚一些回家。赵蓉叮嘱他说，别太累了，加班前买点吃的，别饿着。放下电话，刘刚便点了支烟，狠狠地吸了一口。其实，他并不是加班，而是约了一位女孩一起喝茶。

这位女孩年轻漂亮，浑身都充满了青春的活力，刚刚来到单位，就引起了刘刚的注意。工作中，经过几番交流，女孩便对刘刚产生了好感。但是刘刚想到自己家中的妻子便想拒绝，但他却莫名其妙地接受着。或许是他无法拒绝女孩的单纯所带给他的那种怦然心动的感觉。

茶楼里，女孩羞涩地垂着眉眼不说话。刘刚看着女孩就一直在想，自己是不是该说点什么，说自己有妻子、有女儿，和她只能做好朋友。如此唐突却直接的话语在他说出来之前，茶楼的门便开了。几个漂亮的女人坐在了他们的邻桌，只此一眼，男人便已经冷汗涔涔了：那一群女人中，有他的妻子赵蓉……

几个女人要了茶、点心和一些小零食，有说有笑，看样子很是开心。刘刚明白，赵蓉已经看到了他。但是她并没有露声色，依旧专心地与几个同伴有说有笑。赵蓉中间去了一趟洗手间，从刘刚的身边经过，刘刚感觉暴风雨可能马上要降临了。然而，赵蓉却依旧像没看到他们似的，只是回到自己的位上，催促女伴们快点吃点心，说她等下还要回家给老公做消夜。

刘刚开始坐立不安，很想过去和赵蓉打个招呼，然后给她介绍坐在自己旁边的女孩只是自己的同事。但他却不能这样。他怕女孩误会自己，给女孩造成伤害。

思前想后，刘刚只好装作没看到，直到赵蓉和女伴们离去才舒了一口气，他对女孩说他刚才看到了自己的妻子，就在自己的邻桌。女孩吃惊地问道："她看到我了吗？"刘刚说："看到了，但她却什么也没说，我跟她撒谎说今天加班……"女孩沉默了一会儿说："你妻子对你真好。"刘刚笑笑。女孩咬着嘴唇说："以后，你当我哥吧。"一瞬间，刘刚如释重负。

回家时，刘刚一直想肯定会有一场暴风雨，就算赵蓉可以原谅他撒谎，但绝不会保持沉默。然而，回到家后，赵蓉却什么也没问，依旧像往常一样给他递上暖烘烘的拖鞋，说，洗洗手吃饭吧。吃饭的时候，赵蓉就不断给刘刚夹菜，还说："我在茶楼看到你都没吃什么东西，饿坏了吧？"刘刚感到浑身不自在，就问道："你为什么不问那女孩是谁？"赵蓉说："应该是你同事吧？"刘刚点了点头，说："是我的同事，加班突然取消，就一起去喝了杯茶。"赵蓉点点头，表示理解。刘刚接着问："我这样说，你也相信吗？"赵蓉说："我当然相信了。"刘刚有些着急地解释道："那女孩现在是我的同事，以后也只可能是我的同事！"赵蓉说："我知道，这个世界上最了解你的人是我。"刘刚内心激起了一股暖流，看着善良、温柔、大度的妻子，感到家是如此地温馨……

　　赵蓉无疑是个聪明的女人，她用宽容、大度和善良，不动声色地解除了丈夫内心的担忧，还巧妙地避免了一场家庭战争，让丈夫刘刚对她产生了一种感激之情，让彼此间的感情又进一层。

　　女人是感性的，最容易因为生活中的一些小事而与丈夫发生矛盾，大动干戈。这样不仅会丧失女人特有的柔情，还会招来他人的厌烦。而聪明的女人，则会不动声色地将强悍、愤怒隐藏在优雅、活泼的表象之下。懂得不动声色智慧的女人，可以在无形中给予男人和爱情有效的控制力，而这种控制却有让人感知不到丝毫的难受或不情愿。可以说，不动声色是化解家庭矛盾、增强夫妻感情的最好的良药。

　　一个不动声色的女人是自信的，她们不会因为没有国色天香、美若天仙的容貌而烦恼；也不会为腰粗、脸胖、胳膊壮而郁闷不已。她们懂得，再美再艳的花也经不起朝天寒雨晚来风的吹打，再美的容颜也拗不过时光岁月的流逝。只要笑容是充满自信的，穿着是得体的，举止是优雅的，一样能散发出幽幽的馨香，愉悦人心。

　　不动声色的女人，也许并不富有与阔绰，但却有着一颗坚强的内心。她们的观念不陈旧、不古板，了解一些时尚的风潮，懂得一些人生哲学，能够品品咖啡，会经常看看书，听一段最新的音乐……她们在工作上不怨天尤人，生活上不苛责于己，懂得一些浪漫和惬意自在。她们有些小理想、小追求，没事的时候会出去旅旅游，在自然景色中寻找内心的平静与优雅。然后，保持轻松的心情去上班，带着愉悦回家做饭、带孩子。

　　不动声色的女人，学历不一定很高，知识不一定很渊博，经验也不一定很丰富。但她却聪慧而练达，与人为善，真诚待人，通常会用简单去应对复杂，懂得感恩，很容易感动，善于从平凡的生活中体味小幸福、小快乐。

　　所以，从现在开始，学着做一个不动声色的女人吧！不卑不亢，不惧不忧，乐观积极，豁达开朗，勇于面对生活中的一切，让生命焕发出久远的魅力！

28. 用心体会幸福，才能拥抱幸福

♦ 幸福女人慧语：

☆ 人活着就是一种心情，把握今天，设置明天，储存永远。只要用心感受，幸福便会永远地存在。

☆ 相传幸福是个美丽的玻璃球，跌碎散落在世间的每个角落。有的人捡到的多些，有的人捡到的少些，却没有人能拥有全部。爱你所爱，选你所选，珍惜现在所拥有的一切。

☆ 幸福是一种体会，一种感觉，一种知足的心境。幸福在于慢慢享受和体验自己所拥有的东西。只有漠视他人所拥有的，体味属于自己的，才能拥抱真正的幸福。

　　他是个搞设计的工程师，她是中学毕业班的班主任老师，两人都错过了恋爱的最佳季节，后来经人介绍而相识。没有惊天动地的过程，他们平平淡淡地相处，自自然然地结婚。

　　婚后第三天，他就跑到单位加班，为了赶设计，他甚至可以彻夜拼命，连续几天几夜不回家。她忙于毕业班的管理，经常晚归。为了各自的事业，他们就像两个陀螺，在各自的轨道上高速旋转着。

送走了毕业班，清闲了的她开始重新审视自己的生活，审视自己的婚姻，她开始迷茫，不知道自己在他心里有多重，她似乎不记得他说过爱自己。一天，她问他是不是爱她，他说当然爱，不然怎么会结婚。她问他怎么不说爱，他说不知道怎么说。她拿出写好的离婚协议，他愣了，说："那我们去旅游吧，结婚的蜜月我都没陪你，我亏欠你太多。"

他们去了奇峰异石的张家界。飘雨的天气和他们阴郁的心情一样，走在盘旋的山道上，她发现他总是走在外侧。她问他为什么，他说路太滑，他怕外侧的栅栏不牢固，怕她万一不小心跌倒。她的心忽然感到了温暖，回家便把那份离婚协议书撕碎了。

平淡生活中的幸福是需要去细细体味的，因为有些爱是埋在心底的，虽然平平淡淡，说不出来，但却是真实存在的。

托尔斯泰说："幸福的婚姻是相同的，而不幸的婚姻则各有各的不幸。"幸福需要一个人自己去体会和把握。一个人能否幸福，关键要看你对幸福的标准、对待幸福的态度。幸福在于心情，在于内心的真实感受。

琐碎的婚姻生活是平淡的，凌乱的油盐酱醋，有家人和孩子的欢笑声，这种生活本身就是一种幸福，因为比我们境况差的人还有很多，所以，有家、有孩子、有属于我们自己的生活，我们便是沉浸在幸福之中的。或许我们根本不富有，但是，我们只要拥有温馨的家庭，可以与家人共享天伦之乐，在细微的生活中品味生活的美好，这本身就是一种莫大的幸福和快乐。

情至深则爱无言，爱不是形式，无须标榜。爱是绽放幸福的花朵，能够让每一个懂得爱的人心中溢满爱的馨香。爱是摆渡真情的船桨，让每一个有情的人不畏惧生命的漫长，当小小的一盘菜以爱为作料时，心中如何品味不出幸福的味道！

晓雪和丈夫豪杰结婚有 3 年多了，两人的感情早已经淡了下来。为此，晓雪觉得婚后几年的生活完全不是自己所想象的样子。在没结婚的时候，豪杰总是很浪漫，也很体贴，隔三岔五都会送晓雪漂亮的鲜花，并且经常带她去吃烛光晚餐，偶尔还会带晓雪到野外去郊游。

婚后，柴米油盐的琐事，让晓雪觉得婚姻生活太过枯燥无味！豪杰也像变了个人似的，每天上班、下班，生活完全丧失了激情。

直到有一次，豪杰到上海出差，刚在宾馆住下，外面就响起了雷声。于是，他就披衣起床，自言自语地对一同出差的同事说道："不知道北京下没下雨呢？"

同事说道："应该不会吧，你怎么这么关心这个呢？"

豪杰唉声叹气地说道："我老婆特别害怕雷声，只要是雷雨天，她就一定会失眠。"说着话，就下意识地给老婆打电话，问道："北京有没有下雨呢？"

紧接着，同事听他说道："那就早点睡觉吧，别再看那些伤神的言情剧了。"

豪杰收起手机，面有喜色地对同事说道："北京没有下雨呢！"

前前后后，两人的通话时间不到一分钟。但是，这让晓雪顿时十分感动，她觉得这比起他们热恋中的"电话粥"，几十秒的通话时间确实太过短暂了，但是，这几十秒钟，却足以让她幸福温暖一整个夜！

之后，晓雪便领悟到：其实，幸福就是一种感受，只要你用心去体会，再平淡的生活也充满着幸福和快乐！

婚姻需要理解和关爱去融合，尽管有些关爱是细微的，但足可以为婚姻增添情趣。理解和关爱会让那些在爱情或婚姻中的疲惫者忆起那发黄的爱情，再一次品尝到初恋的甜蜜。

婚姻中相濡以沫的理解和关爱就如沙漠中的绿洲一般，让疲惫的心灵得到一丝触动，让爱情重新焕发激情。同时，也别让你的激情在年复一年、日复一日、事无巨细的生活中逐渐淡化，直到泯灭，也别让美好、甜蜜、温馨、浪漫、幸福的爱情在睡梦中遨游了。用关爱和理解给爱注入一丝情趣，是一种至高的人生境界。

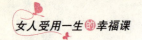
· **幸福箴言**

　　作家毕淑敏说："享受幸福是需要学习的，当幸福即将来临的时刻需要提醒。人可以自然而然地学会感官的享乐，人却无法天生地掌握幸福的韵律。灵魂的快意同器官的舒适像一对孪生兄弟，时而相傍相依，时而南辕北辙。幸福是一种心灵的震颤，它像会倾听音乐的耳朵一样，需要不断地训练。"生活中，灵魂和感官的麻木让许多沉浸在幸福中的人再也难以感受到幸福，所以，要想做一个幸福的女人，就要懂得时刻提醒自己要在平淡中去细细地体味幸福。

29. 懂得随缘，强求的爱情要不得

　　🌺 **幸福女人慧语：**

　　☆ 强求的爱情，就像摘一枚不熟的果实一般，最终得到的只有苦涩和悔恨！

　　☆ 爱情就像摘果子，摘得太早，果子还没有成熟，又苦又涩，难以下咽；采得太晚，果子已经完全熟透，要么滑落枝头，要么已被他人占先。在恰当的时候采摘水果，既是一种智慧，也是一种缘分。人这一辈子，摘到一枚可心的水果已属不易，能在水果最丰美的时候捧在手心，纯属一种造化。

　　一个女孩子为了追求自己暗恋多年的男友，曾经发誓一定要变成他所希望的样子。为此她把自己辛辛苦苦挣来的钱都用在了美容上面，并且还把给年迈的父亲的生活费一减再减，自己必要的社交几乎也停止了。可是当她最后一次整完容之后，那个男人已经和他的未婚妻出国留学去了。这个女孩子也只能暗自悲伤。长时间的节衣缩食，让她的健康状况越来越差，工作业绩也一再下滑。而年迈的父亲因为没有足够的钱治病，也去世了。

女孩子的遭遇太过可怜，但是偏执的生活态度却使她真正地成为了上帝的弃儿。女人要知道，爱情只是一种感觉，很多时候都是强求不来的，强求的爱情，只会让女人生活在黑暗之中，她们将所有的时间、精力都用在讨好男人上，这样的生活只会让女人疲惫不堪，失去优雅，感受不到任何的幸福，甚至还会让女人失去自尊。

张爱玲说，于千万人之中，遇见你所遇见的人，于千万年之中，时间的无涯的荒野里，没有早一步，也没有晚一步，刚巧赶上了，没有别的话可说，唯有轻轻地问一声："哦，你也在这里？"爱情，很多时候，没有不早不晚的"刚刚好"。一个能得到"刚刚好"的爱人的女人，说明其是能够克服内心贪欲的强大的女人。

人生中，有些缘分来得早，有些缘分注定会来得迟。真正聪明睿智的女人，对爱情都持随缘的态度。随缘可以使女人保持一颗恬静的心，使人能够理智地看待生活和工作中的得与失，在任何时候都能够保持冷静和从容。

蕾蕾是一个长得很标致的女孩子，凡是见过她的人，都被她的容貌所吸引。因为长得漂亮，所以单位中的许多男同事都喜欢她。面对诸多的追求者，蕾蕾很不以为然，因为她一直喜欢晓雷。晓雷也是蕾蕾的同事，只是与她不在同一个部门。

虽然蕾蕾暗恋晓雷许久，但是晓雷对蕾蕾却毫无兴趣，蕾蕾自己也感受得到。

蕾蕾将心事告诉了她最好的朋友，朋友则劝她说，既然爱他，就不要错过了，可以借机向他表白才是！

有一天下班后，蕾蕾终于鼓足勇气主动在公司门口等晓雷，见到晓雷后，便主动向他说明，自己其实已经喜欢他好久了。

面对此，晓雷吃了一惊，但是最终还是十分遗憾地说，自己已经有了女友，而且两人过得很甜蜜，正准备结婚呢！

听到此话，蕾蕾心里有些失落，但是，她依然微笑着，祝福了晓雷。

事后，朋友问她心里是否很难过，而蕾蕾则笑着说："我已经将我的爱表达出来了，心里已经没有遗憾了。感情的事情要看缘分，没有如我所愿，只说明我们没有缘分而已，没有什么可伤心的呀！"

蕾蕾这种对待爱情坦然、淡定的态度，让我们敬佩。面对爱，她敢于勇敢地表达出来，纵然没能如自己所愿，也没有表现出伤心和难过，这是一种睿智的生活态度。

爱与被爱，都是件让人幸福和快乐的事情，不要让这些美好的事情因为强求而变得痛苦。对于不爱自己的人，女人要学会理解、放弃和祝福，不要枉费精力，在得不到的感情中苦苦折磨自己，浪费了自己最宝贵的青春年华。

• 幸福箴言

对爱情持随缘的态度，是一种洒脱、一种心境、一种追求。因为，只有懂得爱随缘，你才能保持一颗平常心，不会因缘起爱至而得意忘形，也不会因缘尽爱去而失意伤感，更不会刻意追求，勉强示爱，给对方或自己带来无辜的伤害。同时，也只有懂得爱随缘，你才会真正懂得如何去追求，如何去珍惜，如何去加倍呵护属于你自己的那份真爱。

 30. 别让"虚荣"毁了你的幸福

♦ 幸福女人慧语：

☆ 女人喜欢的生活有时候就是一个花架子，看上去挺美，过起来挺难，全来自一颗虚荣心。

☆ 如果有一个男人肯保护你、善待你，这是一种幸运。但是这种保护往往又剥夺了你成长和增加人生智慧的机会，如果有一天，他要放下你的时候，你将很难独立在这个社会中生存。

☆ 要懂得自己创造自己的命运，不要相信一个男人的赏赐，自己的独立和圆满才是最重要的。先学会独立地面对世界，再学会去爱别人。两个相对独立的人互相搀扶，才是婚姻的本来面目。

何谓"虚荣"？"虚荣"即为表面上的光彩。虚荣心是指追求、爱慕表面上光彩的思想、心态、观念和意识。一个人如果你追求表面的光彩，只能得到一时的满足，而将自己的心拖入永久的疲惫中。

生活中，多数虚荣的女人，都认为自己的工作一定要比别人好、工资要比别人高、升职要比别人快、衣服要比别人贵、房子要比别人大、吃的要比别人讲究、用的要比别人高档……可是要样样都比别人好，就必须要付出更多的努力。如果一个女人将所有的精力和时间浪费在没完没了的装虚荣之中，带给她的只能是心情越来越紧张和焦躁，感觉越来越累，快乐也会越来越少。久而久之，也会让男人的自尊心受挫，使对方对你产生厌恶感，你的婚姻就很难有幸福了。

朱晓与丈夫刘翔刚刚结婚不久，就经常会因为她的一些小"虚荣"而产生争吵。

原来，刘翔只是一个普通的上班族，前几天他的岳父过生日，做总经理的大姐夫就送了他一块高级的名牌手表，开公司的二姐夫给岳父献上了1万元现金，而刘翔只送给岳父价值500元的保健品做贺礼。为此，朱晓回家就与丈夫大吵大闹，说送的礼太薄，太丢人了。还大骂刘翔太过小气。对于此，刘翔烦恼极了，认为妻子太爱面子了，凡事都爱和他人比较。比如，周围的哪位朋友买了化妆品、买了什么名贵的服饰，她就一定要拥有。买了之后，也穿不了几次，是在白白地浪费钱！

刘翔觉得，作为一名普通的上班族，摊上这么一个爱慕虚荣的女人，简直是太过"恐怖"了！

其实，攀比是人性中最为普遍的一种心理，每个人内心都有不同程度的攀比心理，然而，对于女人来说，攀比一定要根据自身的经济实力做基础，否则就会虚荣。在男人看来，那些爱攀比的女人，多数都是虚荣的。男人会觉得，这个女人和自己在一起并不是为了"我这个人"，而是为了"我"的许多物质上的东西。这样的女人的眼睛总是盯着别处，而忽略了自己所拥有的，忽视了自己所拥有的幸福。

在恋爱的时候，虚荣的女人会与他人比谁的男友更帅气、更阔气、更浪漫。结了婚，更要比老公的事业，比车子，比房子，还要比孩子，所有可以比的都会拿来比一通。当她的要求得不到满足的时候，她就会指着男人的鼻子大骂："真没出息，我当初怎么嫁给了你！"这样是在打击男人的自信心，会让男人的尊严扫地，这样的"悍妇"，只会让男人望而却步！

如果你是一个这样的女人，就一定要弄明白：世界上没有一个男人可以做到完美，你的虚荣会给你的男人造成巨大的心理负担，也是在损害男人的尊严，长此以往，你也会亲手毁掉自己苦心经营的爱情！

其实，每一个女人都是都市不可多得的靓丽风景线，女人要学会怡然自得，不跟风、不比较，做一个快乐、知足的"小女人"，这样给男人带来的不仅是轻松、快乐，还会让男人觉得你肯与他一起过"苦"日子，从而会对你心存感激，会更加疼爱你，也更愿意去努力创造更好的生活！

在这方面，刘娇就做得很好。

刘娇与丈夫结婚有 6 年了，还能恩爱如初。丈夫平时只是做一些小生意，无论挣多挣少，她从来不与别人比较。即便是别人在某方面比他占优势，她也不会张口就与别人攀比。

同事刚买了时下最流行的名牌包包，朋友就劝她守着那么能干的老公也应该买几件，赶赶时髦，而她却说："衣服是身外之物，再漂亮的包包也填不饱肚子。如果处处与他人比较，为了外在的虚荣而与他人进行比较，即便家中再有钱，也会被挥霍尽！"

看到同事家住上了别墅，开上了名车，孩子送出国留学，丈夫则开玩笑似的说道："你怎么不骂我没出息呢？"刘娇则说："人家住豪宅，开名车，我总不能与人家较劲儿，逼囊中羞涩的你跳楼吧？人家孩子跻身贵族院校，出国留学，咱难道也要咬牙切齿，倾家荡产去送孩子到一个语言不通的国度去挨饿受穷？"

老公听了，很是感动，觉得有这样知足的老婆是自己一辈子的福气。

常言道，人比人，气死人。白雪公主里的王后，因为总是与最漂亮的公主比美丽，一个本来世间第二的大美人，直接就变成了一个恶毒的巫婆，令人生厌。女人要明白，上帝对每个人都是平等的，与其在攀比中让自己变得不快乐，给男人制造烦恼、压力，不如面对现实，积极、乐观一点，用爱去激励男人，让你在感受到快乐的同时，也牢牢地抓住了男人的心。

内心淡定的女人，无论处于什么样的生活环境中都会认同自己。因为她们知道，只有认同了自己，才能带给男人最大的轻松和快乐，才能让男人认同自己的存在。她们知道，盲目地攀比只会增加自己的虚荣心，不仅不能带给自己幸福的状态，还会置自己于痛苦之中。她们总是

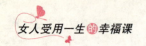

善于欣赏自己所拥有的，以一种知足的快乐获得幸福！

> **· 幸福箴言**
>
> 身为女人，如果你爱他，就不要没完没了地比较，而是用包容、体谅、尊敬来维持你们的关系。多在别人面前称赞你的另一半，称赞的时候别忘了给他投去一个崇拜、肯定的眼神。他不仅会非常高兴，而且以后在他的朋友面前也会给你很高的评价。当一个威风凛凛的自信男人的心紧紧系在你的身上，毫无疑问你就是最让人羡慕的幸福女人。

31. 别把自己关进"心的牢狱"中

 幸福女人慧语：

☆ 快乐是一天，悲伤也是一天，与其烦恼地过，不如快乐地活。而快乐与悲伤都是由我们的内心所生，我们要想获得快乐，就应该尽早地摒除内心的烦恼和痛苦。

☆ 张小娴说："所有带着爱或带着恨的离别，也是一次痛苦的割裂。若做不到微笑道别，鞠躬离场，那么，是不是可以默然地转身，憋住眼泪，鞠躬离场？谁叫当初爱上了呢？总有一天，你会对着过去的伤痛微笑。你会感谢离开你的那个人，他配不上你的爱、你的好、你的痴心。他终究不是你命中注定的那个人。幸好他不是。"

在很多时候，所谓的忧愁、痛苦、烦恼都是我们内心的产物，当一个人住进"心的牢狱"中时，任凭外在有再好的境遇，都将永远无法体会到幸福和快乐的滋味。生活中，很多女人内心都是脆弱的，在感情受伤后，总爱把自己锁进心的密室，把往昔的一切用记忆的显微镜仔仔细细地来一场分析实验，把自己折磨得不堪忍受。然后，总是会向周围的人抱怨自己遇到了负心男，自己如何如何地难受。其实，内心真正的酷刑都是女人强加给自己的。只有转变心态，把自己的内心真正地打开了，让阳光洒进来，才能真正走出阴影，缔造属于自己的幸福。

静与相恋5年的男友分手了，看着空空荡荡的家，似乎男友的声音还在耳侧，他的样貌就在眼前，她忘不掉，她受不了，她忍受了失去的痛。即便往日他对自己不怎么好，但是失恋的她，心中只有痛。

静的朋友林霞劝解她说："你这不是给自己的心施压加码吗？这样想只会暗示你自己：你离开他不行！真的离了他不行吗？不一定吧，一天还是24小时，虽然其中的一小时他不再陪你吃饭，两个小时不再陪你看电影，三小时不再跟你煲电话粥。但是，这一天多出来的1/4时间可以让你大胆畅快地去经历你还未来得及经历的未知。虽然你爱的人不在你身边，但上天并未因此剥夺你爱的权利。"

听了朋友的劝解，静开始有所释怀。于是，她便尝试着去上班，将所有的精力都投入工作中去，但是只要一静下来，甚至只要走路停下来一会儿，那种哀伤便会袭上心头。令她无法招架。后来，静不再逃避，不再没事找事地瞎忙，当失恋的痛苦又来时，她便让它涌上心头，看着悲痛一点一点地走近自己，然后渐渐地消退，虽然想到仍会难过，但却能让自己渐渐地平静下来。

最后，她终于战胜了自己，她已经不必再抗拒那种情绪，她明白最痛苦的那一刻已经过去了，她想着属于自己的生活。

"我可以再次体会人生的快乐，那些痛苦已不是现在的事了。它只是我人生的一部分，而我人生其他的道路，还可以继续走下去。"这是走出伤痛后，她所说的第一句话，她的坚强让所有的人都肃然起敬。

其实，无论发生了什么，生活就在眼前，面向未来，过去的一切终会被时间的洪流冲得一去不复返。所以，我们没必要将那些悲痛永久地埋在心中念念不忘。命运之神并不可怕，只要你拥有坚强的信念，敢于在悲痛之后勇敢地放下，就一定可以让快乐再次飞扬。因为这个世界上，唯一能够决定你要痛苦多久的人，只有你自己。

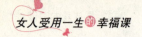
- **幸福箴言**

　　这辈子，能够相守固然是好，无法相守，只是因为无缘，因为不适合。有时爱情的确只是个过程，他在你生命里出现，是为了使你茁壮，使你学会珍惜和付出，使你终于知道这一生你想要的是什么，你始终追寻的又是什么。当天的坠落，换来的是日后的提升。那么，当时的痛苦也是值得了。

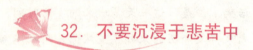

32. 不要沉浸于悲苦中

◆ 幸福女人慧语：

☆ 有些女人，天天把"苦"放在嘴边。其实，不见得是真苦。也许仅仅只是，她把自己催眠了而已……

☆ 当我们一旦沉浸在情绪之中，便会不顾一切地夸大事实。

　　有一只小猴子，肚皮被树枝划伤了，流了许多血。它见到一个猴子朋友便扒开伤口说："你看看我的伤口，可痛了。"每个看见它伤口的猴子都会安慰它，同情它，告诉它不同的治疗方法。于是，它就继续给朋友们看伤口，继续听取他人的意见，后来它便感染而死掉了。一只老猴子很是遗憾地说，它是自己伤害自己而死掉的。

　　这个故事告诉我们：痛，说一次就复习一次。生活中，很多女人也在做像小猴子一样的事情。她们装了满肚子的苦水或痛苦，不断地向他人吐露：生活压力太大，儿子不听话，老公不理解自己，被领导批评……总之，只要稍不顺心，就会抱怨不止，成为名副其实的"怨妇"。

　　沉浸在自我情绪中的女人，稍微遇到一些不顺，便会给自己编故事，把自己的境遇添油加醋地修饰，让别人觉得自己已经到了惨不忍睹的地步。她们夸大悲苦的事实，其实是希望全世界的人都能站在她的这一边，心疼她，怜惜她，并给予她安慰或同情，然后获得心理上的平衡和安慰。

事实上，当一个女人习惯了让自己沉浸于悲苦中，不断地向周围的人诉说，那么，其未来的日子，她便离悲苦不远了，因为日后她会觉得周围的世界和男人对她越来越不公平。这种心理暗示，总有一天，会真的让她处于悲苦之中。这便是悲苦的自我催眠作用。生活中，许多悲苦的"怨妇"，都是这么养成的。

露西毕业于美国一所著名的学校，毕业后得到了一份待遇较好的工作，生活还算令人羡慕。但是她有一个缺点，那就是爱抱怨。她总是牢骚满腹，不是抱怨这个，就是抱怨那个，仿佛全世界的人都对不起她一样。在工作中，她不是抱怨那个太笨，就是抱怨这个太工于心计。在朋友中，她会当着一个朋友说另一个朋友的不好，好像这个世界上所有的事情都是令她讨厌的。

有一次，露西又和一位同事抱怨上了："你不知道，我们公司的其他部门的人太有心计了，老板太小气了，用人特别狠，总想用最少的钱让我们干最多的活，每天把我给累得不行，真的想辞职不干。还有我们公司的副总，一天到晚自己不干活，还不停地训斥别人，真是无法忍受了……"总之，她将公司所有的人都指责了一番。

一开始，面对露西的抱怨，朋友和同事都会好言相劝，让她摆正心态，但是慢慢地，他们见到她后，都会躲之不及。公司的同事和朋友给她起了一个外号叫"怨妇"，没有了朋友，露西整个人真的就变得抑郁起来，感受不到任何的快乐！

女人要知道，每个人都不想成为他人情绪的"垃圾桶"，你无穷尽的抱怨，会给人带来极大的负面影响，就好像将他人置于阴雨连绵之中，见不到一丝阳光。生活中，没有人喜欢生活在那样的环境中，为此，人们见到那些爱抱怨的人，一定会退避三舍，敬而远之。而爱吐苦水的那个人，也自然变得阴郁起来了。所以，女人想要从苦海中脱离出来，第一步就是远离抱怨。

> **· 幸福箴言**
>
> "抱怨"是让女人远离幸福的根源。你若去抱怨，全世界都会成为你抱怨的对象；你若不抱怨，生活的一切都是充满美好的。要知道，一味地抱怨不但会于事无补，有时候还会把事情变得更糟糕。所以，无论现实如何，我们都不应该抱怨，而是要依靠自己的努力去改变现实并且获得幸福。

妙语生"福"，
口舌生香令男人无限爱恋

生活中，男人偏爱那种巧言妙语、口舌生香的女人，这样的女人因为能读懂男人，能把握男人心理，所以时时都能得到甜蜜爱情的眷顾。在家庭中，她们富有情趣，讲究吵架的艺术，是男人最忠实的"倾听者"，同时，她们也容易获得长辈的疼爱、晚辈的敬爱乃至老公的宠爱，这就为营造一个和谐的家庭氛围打下了良好的基础。这样的女人因为善解人意，所以时时都能被幸福包围。

 ## 33. "唠叨"是毁掉幸福的"头号暗礁"

◆ 幸福女人慧语：

☆ 美国一位作家说，男性选择太太的首要条件是性格乐观，让他们和一个板着脸、啰唆的女性吃牛扒，还不如在轻松快乐的气氛中吃粗茶淡饭。

☆ 有一些女人能让男人永不厌倦，不管外面的风景有多好，他总是眷恋着身边这盆鲜花。而有的女人则让男人一看就想拔腿就跑，躲得越远越好。答案就是：你的存在，是否让对方感到舒服自在。人际关系也遵循这样一个规律，让对方舒服，是和谐交流的第一步。

一位中年妇女曾问卡耐基说："卡耐基先生，每个女人都希望自己拥有幸福的婚姻生活，但是你是否能告诉我，妨碍女人幸福的最大敌人是什么呢？"

卡耐基先生说："是喋喋不休的唠叨和抱怨。"

美国专栏作家陶乐丝·狄克斯认为，太太的性格与一个男性的婚姻生活是否幸福有着极大的关系。如果太太的脾气急躁又唠叨，还爱喋喋不休地挑剔，那么，就算她拥有普天下的美德，也都无济于事。有很多男人都活得十分颓废，没有丝毫的斗志，那是因为他的太太在无休无止地打击他的每一个想法和希望。她总是长吁短叹，埋怨自己的丈夫不像别的男人那样会赚钱，埋怨她的丈夫不够体贴自己，顾及家庭，埋怨她的丈夫不像别的作家一样能写出一本畅销书，埋怨她的丈夫得不到一个好的职位……做丈夫如果有这样一位妻子，他真的有点倒霉。可以说，太太喋喋不休的唠叨是毁坏幸福婚姻的"头号暗礁"，它能一次次地慢慢将人们苦心经营和悉心建立起来的幸福和感情在一夜之间化为灰烬。

据统计，男人讨厌女人做的事情之中，排在首位的便是唠叨不停的女人，这远高于排名第二的"不爱打扮"。男人们宁可忍受丑女，也不愿忍受爱唠叨的女人。

刘华经常向周围的朋友诉苦："我娶了个'唠叨皇后'，再也受不了她吹毛求疵、无休无止的抱怨和骚扰了，我只想解脱。"

原来，每天刘华下班后一回到家，老婆便会唠叨个不停。她指责他早上出门时忘了带钥匙，抱怨邻居把一个吃剩的苹果核扔到门前，讽刺院子里的小华小小年纪竟然对她不礼貌……刘华上一天班，原本感到很累了，回到家只想安静下来好好休息一下，但是老婆的唠叨却像紧箍咒似的让他越听越头疼。

长此以往，因为害怕她的唠叨，现在一到下班时间刘华就开始头疼。于是，他主动向老板要求加班耗时间，或者干脆到朋友家里去凑合，夫妻之间的感情几乎荡然无存，刘华只想能快点儿解脱。

卡耐基在他的《人性的弱点》中说过，唠叨是爱情的坟墓。聪明的女人，如果你真的爱他，希望得到他的宠爱，想维持家庭生活的和谐，就停止唠叨吧！女人爱唠叨就像漏水的龙头一样，能将男人的耐心消耗殆尽，会让男人感觉受到限制和压力，同时潜意识中会有一种不被信任的感觉，不知不觉地将对方推向分裂的边缘。

其实，女人的唠叨就像一把锋利的杀人不见血的刀，会让男人认为女人是在管教他、抱怨他、催促他，从而产生逆反心理，并且逐渐积累起一种憎恶感，导致家庭矛盾甚至家庭的破裂。这是爱情和幸福婚姻的最大杀手，所以，要做个人缘好且幸福的女人，一定不要唠叨。

- **幸福箴言**

   女人喜欢用喋喋不休的"唠叨"追求属于自己的幸福，她们总是希望通过"唠叨"的方式来发泄自己心中的不满，从而让自己心里好受一点。只是她们错了，女人在唠叨的时候想的都是那些不快乐的事，最后自己也变得越来越不开心了。

34. 别让你的"嘴巴"毁了男人的一生

♦ **幸福女人慧语：**

☆ 一个说话带刺、爱挑剔的女人，即便是面若桃花，也会让他人觉得她满身是刺，接近便会被刺伤。

☆ 苏芩说："想杀死一个人，不必用刀子、器具，只需日日去挑他的错处便可。人，永远是需要认同感的，如果没有了被认同感，就没有了向上的动力。永远永远，人最关心的是那些能给他带来心理满足感的人。"

☆ 当一个女人开始变得挑剔，完美便离她越来越远了。而一个习惯了说"不"的女人，会在他人眼中越来越没吸引力。

　　25 岁的刘青，刚刚在竞争激烈的广告界找到一份文案策划的工作。之前接二连三的失业，让他急需要妻子的爱心和鼓励来保持他继续奋斗的勇气。而他的妻子张梅积极而又充满野心，但总是对自己的丈夫进行无休止的挑剔和冷嘲热讽："你怎么那么笨，我在单位都连升二级，你才找到能养活自己的工作？""就你那点薪水，拿什么来养这个家？""看看邻居小王，比你年纪小都开了自己的公司了，人家上个月刚给妻子买了一件裘皮大衣，他妻子可真是好命。""当初我真是瞎了眼，嫁给你这个没出息的，这苦日子不知道什么时候是个头。"……这种极具杀伤力的带刺的话语，极大地刺激了刘青的自尊心和自信心。在妻子不停的嘲笑和打击下，他对自己的未来已经丧失了信心。最后，他又一次失了业，他的妻子就和他离了婚。但是离婚以后，他像生了病的人最终恢复健康一样，又把失去的信心重新找回来，现在的他已经是一家大型广告公司的策划总监了。

　　有人说，妻子的嘴巴决定丈夫的一生。的确，一个说话经常带"刺"、语气中含着冷嘲热讽的女人，无论她丈夫有着多么强的实力和多么庞大的事业，都会将之摧毁。也正如卡耐基所说，这个世界上很少有不吵架的夫妻，但是只要人心理健康，就不会因为争执而使双方的感情产生裂缝。如果做丈夫的每天回家后面对的是带刺的讽言冷语，无论他的事业有多么地伟大，他也一定会从事业的巅峰滑下来。毋庸置疑，带有讽刺性的否定的话，可以摧毁任何上进心。

　　不可否认，妻子的轻视、讽刺、嘲笑和挑剔，对丈夫的自信心拥有极大杀伤力，它们可以摧毁男人的自信心，击垮男人的意志力，甚至能毁掉男人的一生。所以，要做幸福的女人，一定要在自己的男人面前管好自己的嘴巴，别再以轻蔑的眼光去挑剔你的男人了。

　　谭波从结婚开始，他的妻子张霞就总是取笑他的工作，看不起他所做的任何事情，他的事业几乎因此而被毁掉。那时，他还是一名普通的推销员，他对自己所推销的产品信心十足，每天他都热情饱满地投入工作。但当回到家里，他原本以为可以得到妻子的鼓励，但他得到的都是劈头盖脸的一阵冷嘲热讽：今天的生意如何？挣了多少钱？是不是又被经理的教训回来了？我想你知道，咱们得立刻付房租了吧？……

每天回到家听到妻子苍蝇似的在耳边讽言冷语地嘲笑他，他怒火中烧，忍不住与妻子大吵。然后，再给自己鼓劲。如今的谭波已经是一家著名公司的副总裁，他已经和妻子离婚了，还找了一个能时时给他爱心和鼓励的年轻女孩。他的第一位妻子离婚时，还大哭大闹，丝毫不知道自己错在哪里，还使劲地向旁人唠叨："我跟着他一起吃苦受累，辛苦了这么多年，他一有了钱，就去找年轻姑娘，真是没良心啊！"她就是这样落到了如此可悲的下场。

其实，假如有人告诉她，不是别的女人抢走了她的丈夫，而是她自己的冷嘲热讽和挑剔使丈夫离她而去，她一定是不会相信的。但这的确是真的。当一个女人总是用轻蔑的态度去挑剔男人，那是在极力地打击和折磨他的自尊心，这些语言可以摧毁他们自认为能够成功的自信心。

一位著名的心理学家托曼博士曾对 1500 对夫妇作过详细的调查，调查显示，在丈夫眼中，妻子最大的缺点莫过于讽刺、挑剔和嘲笑了，这比任何一种个性都严重地损害一个幸福的家庭。

很多女人在家庭中对丈夫给予否定和讽刺，主要目的是想激发他的上进心，希望他在讽刺和挑剔之后有所改变。但是古今的事实都表明，这种方式不仅是徒劳无功的，同时，还会增添丈夫对你的厌恶和反感，长此以往，他会立即想与你结束婚姻生活。所以，要做一个幸福的女人，就不要再带着讽刺和嘲笑的语气去否定你的男人了，它是损害你气质，削减你魅力，毁掉你幸福的强有力的"武器"。

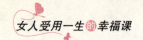

· 幸福箴言

男人向来都不会喜欢甚至讨厌那些对他们能力持怀疑态度、经常埋怨他们且不懂得赞美和欣赏他们的女人，而喜欢那些能够仰视他、认同他并崇拜他的女人。

"认同感"是每个人的心理欲求。女人要用激励和认同的方法让他去做他想做的事。正像一首歌中唱的那样，枪套不住男人的心，唠叨更是不值一提，你只会让他精神崩溃，你的幸福离你愈来愈远。

35. 来点小"幽默"，俏皮的女人最迷人

 幸福女人慧语：

☆ 幽默的女人，善于制造轻松愉快的氛围，优雅迷人，人见人爱。

☆ 一个人的幽默感就像是装上了减震器的汽车一样，能使坎坷的人生之路变得平坦。没有幽默感的人，生活路上的每一个小石头都足以让车身摇晃。

☆ 美国著名大众心理学家特鲁·赫伯说过："幽默是一种最有趣、最有感染力、最具有普遍意义的传递艺术。"

心理学家指出，人的大脑最喜欢幽默，男人喜欢有幽默感的女人。人在极为疲劳的状态下，总是最喜欢看热闹的喜剧片，这是对大脑最好的休息。轻松的思维环境，能够增强大脑的活跃度。女人的择偶标准，总是将幽默放在极为靠前的位置。同样地，几乎没有多少男人喜欢那种不苟言笑、整天板着苦瓜脸的女人，他们更喜欢那些活泼开朗、幽默俏皮的女人，这样的女人带给他们的是阳光般的生活。

在婚恋场上，那些能说会笑个性开朗的女人总是能够赢得更多异性

的好感和青睐，因为她能让他们更为放松。苏芩说，男人大都喜欢美丽的女人，但女人身上，唯一能够战胜美貌的，大概只有个性，而幽默则是女人身上一种极为重要的个性。

同时，无论是恋人还是夫妻之间，也是需要幽默来维持良好的关系，女人在适当的时候在男人面前幽默一下，能够化解双方的矛盾和摩擦。两人相处久了，就像机器的零件一般，必然会出现这样那样的磨损，平时能够适当地幽默一下，就是给生活涂抹上润滑油，可以让僵持的生活变得圆润起来，又继续和谐健康地相处下去。

程江和刘兰经过"马拉松"式的恋爱之后，终于走进了婚姻的殿堂。两人刚结婚，刘兰就把工作给丢了，找了好久都没有找到工作，只能待在家里吃闲饭。这让程江有些不高兴，有一天终于说出了口："你整天待在家里，都快变成废物了，怎么就不知道废物利用呢？"

刘兰扁扁嘴，眨了眨眼睛，说："我就是因为懂得废物利用，才决定嫁给你。你放心好了，我是不会指望你一辈子的，明天就让你看看，我这个废物比你这个废物更抢手。"

有些恼火的程江，一下子就被俏皮的刘兰的话给逗笑了。

又过了一段时间，程江与刘兰又因为小事吵架了。程江气得暴跳如雷，说道："这根本就不像一个家，谁还能在这里待下去呢？"于是就拉起自己的一个皮箱，转身就要夺门而去。

刚跨出去，刘兰就大声地喊道："等一等，我已经嫁给你了，我也是属于你的，走的时候把我也带走。我也不想在这样的家里待下去了。"

程江不由得扑哧一声笑，然后就放下了箱子，紧紧地抱住了她。

刘兰时时能用俏皮话来缓解和丈夫彼此之间的矛盾，让内心的烦恼和痛苦豁然冰消，让生活从阴云密布变得晴空万里，让僵硬的面容绽放出开心的笑容，要比那些天天阴着脸、不苟言笑的女人更容易获得幸福。

可以想象，如果一个女人才华横溢、美貌出众，但却十分严肃，完全不具备聪敏幽默，那么这个女人就相当于一朵漂亮的鲜花，但是却没有芳香一样，有形而无神，不能拥有长久的吸引力。幽默的女人是智慧的，是那种即便经历了尴尬和挫折，仍然能保持一份乐观、自信，绝不轻言失败的生活态度，这样的女人，是积极向上的，也是富有感染力的，也是受人欢迎的。

懂得适时幽默的女性，会时时散发出独有的魅力，会让他人情不自禁地向她靠拢。她们也许没有华丽的外表，也许没有魔鬼般的身材，但是她们能够运用幽默的语言，让自己成为众人的焦点，这样的女人是最迷人的。

当然了，"幽默属于乐观者"，一个心胸狭窄、思想颓废的人不会是幽默的，也不会有幽默感。所以，一个幽默的女人必定是大度、开明和乐观的人，这样的女人更容易获得快乐拥抱幸福。可以说，女人拥有了幽默的气质，便有了两方面的统一：天真的形式，理性的内容。因为形式是天真的，使她具有儿童般的情趣，可爱又可亲；因为内容是理性的，则又富有哲学意蕴，令人深思，意味隽永。

· 幸福箴言

如果你没有美丽的容颜，但是你却是一个懂得幽默的人，那么你必然是一个受欢迎的女人。

英国的思想家培根说："善谈者必善幽默。"幽默的女人吸引力在于，话不须直说，但是却能够通过曲折含蓄的方式，让人心领神会。

36. 赞美和欣赏造就幸福婚姻

🌹 幸福女人慧语：

☆ 在感情的世界里，女人需要陪伴，男人需要认可。所以，优质熟男，往往容易被那些能夸奖他、时时认可他的女人所俘获！

☆ 被人认同，是每个人的心理需求。有智慧的女人，会抓住这点，尽量去赞美身边的男人，悉心经营出独属于自己的幸福婚姻。

☆ 男人说，要交到可人的女朋友，首先要学会猛夸她。女人说，要想得到男人的宠爱，一定要学会鼓励他。朋友说，要获得他人的喜爱，要学会真心实意地赞美。心理学家说，人天生都是缺乏安全感和自信心的，他们的心会更倾向于那些能给他带来肯定、能证实自己价值的人。

某足球队教练将该队队员分成3个集训小组，并在训练时做一个心理实验。

教练对第一小组的队员表现大加赞赏，说："你们表现卓越，配合度非常高，太棒了！你们是一流的球员"。

他对第二小组的队员则说："你们也不错，如果你们运球速度再快一点，步伐再稳一点就更好了。"

而对第三小组的队员他却说："你们怎么搞的，总是抓不住要领，靠你们，我什么时候才有出头之日呀！"

其实，这3个小组成员的素质、能力都一样。但是经过这样一个实验后，结果第一小组获得了最好的成绩，第二小组次之，第三小组最差。

由此可见，赞美比批评更能够激发他人的潜能，如果你想让他人依你的方式改变自己，那就先学会赞美他吧。同样地，在婚姻生活中，如果你想让爱人更加进步，并且获得他的好感，最简单的方法就是多鼓励他、赞美他。这个方法可以让你的爱人找回自信，从而取得更大的成就。同时，经常赞美自己的爱人，不仅不会把他们"惯坏"，还会让他们更爱你。

心理学家指出，人永远是需要认同感的，没有了认同感，就没有了向上的动力。人最关心的，永远都是能为他带来心理满足的人。也许，这个人是他最关心的人。他给你的爱，让他活得安慰；也许，这个人是他的爱人，她给他的爱，让他活得有甜味。所以说，如果你想做一个让男人爱的幸福的女人，或者想让男人纠正自己的观点或不当行为，请先学会赞美他吧。也许有的女人会说："我只赞美他，不批评他，他怎么有上进的自觉性呢？"其实和批评比起来，鼓励和夸奖更能让男人进步，也更能让男人进步。

张瑜是一家小型企业的推销员，薪水不是很高，工作虽然努力，但却没有取得好的成绩。为此，他也感到十分自卑。为此，他很长时间都没有找女朋友。其实，他的想法完全错了，他的薪水固然不高，但是他心地善良，为人踏实勤奋。公司里有好几个女同事都相中了他，但是因为自卑，他拒绝了她们。

在一次私人宴会上，张瑜结识了刘锦。两人聊了一会儿，又各自谈起自己的职业来。张瑜有些自卑地说："我只是一名小推销员。"刘锦说："真的吗？我认为推销员是最有前途的职业，工作自由，完全靠能力吃饭。"张瑜说："我的薪水并不高，而且也没觉得有什么前途。"刘锦说："可别这么说，可以看得出，你的沟通能力很强啊，这样发展下去，你一定有个好的前途的。"听了刘锦的话，张瑜很是高兴，并爱上了她。

在随后的一年多时间里，张瑜与刘锦愉快地相处着，并顺利地与她走入了婚姻的殿堂。结婚之后，刘锦无论在私下里还是在公众场合，经常夸赞自己的丈夫，并且表示自己很崇拜他。这让张瑜重新找回了自信心，于是，便在工作中更加努力，一年之后，他已经是公司的金牌销售员了。

对于女人来说，如果你想让你的爱人进步，并且获得他的好感，最简单的方法就是多赞美他、鼓励他。就像刘锦一样，用赞美和欣赏帮丈夫找回了自信，从而取得了更大的成就。其实，你也可以用这种方法，因为这个方法最适用于男人。

有的女人可能会担心："我经常夸他，他们会不会变得自大狂妄呢？如果真是那样的话，自己以后可能就没好日子过了。"其实，这个根本不用担心，事实上，经常赞美和夸奖自己的爱人，不仅不会把他们"惯坏"，还会让他们更加地爱你。

这里需要注意的是，女人在对自己的男人进行夸赞和欣赏的时候，一定要表现出你的真诚来。否则，会让男人感到你在撒谎，从而会觉得你是个虚情假意的女人，进而对你心生厌恶。

> **· 幸福箴言**
>
> 你的男人如果总是能得到你诚恳的赞美，那么，无异就为你的婚姻加筑了一层强有力的保障。
>
> 要改变人而不触犯或引起反感，那么，请称赞他们最微小的进步，并称赞每个进步。

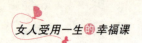

37. 吵架也要吵出甜蜜来

♦ 幸福女人慧语：

☆ 聪明女人在吵架时，尽量会控制自己的情绪，讲求吵架的艺术，让吵架变成感情的催化剂。

有人说，在这个世界上，即便是最幸福的婚姻，一生中也会有两百次离婚的念头和五十次掐死对方的想法。俗话说，不吵不闹，不是夫妻。夫妻两人在一起长久地生活，吵架、斗嘴在所难免，但是，吵架有时候也是一门学问。有智慧的女人在与丈夫发生冲突时，不会摆出"一哭二闹三上吊"的架势来，更不会满口污言秽语。相反，她们会利用语言的艺术或者是女性独有的魅力让吵架变成一场夫妻间的打情骂俏。这样的女人是宽宏大量的，是有度量的，也是富有气质的。

张漪和丈夫刘涛的感情算是比较好的，但是有时候也会发生这样或那样的冲突或者争吵。但是聪明的张漪每次都能在斗嘴中斗出感情来。

一次，刘涛拿异地银行卡取钱，在一旁的张漪说了声："你拿本地卡不行吗？异地卡手续费都要花不少呢！"丈夫刘涛当时心情不是很好，听妻子如此一说，竟然感觉她侵犯了自己的财务自由。于是，脾气就来了，说："所有的钱都是我赚的。"语气强悍。

张漪脾气也上来了，接着说："老娘没生孩子前，不也是每天都起早贪黑的吗？哪天工作不是长达12小时以上？难道在家带孩子不需要花费时间和精力吗？"张漪在心中恨恨地回嘴，予以反击。

听罢，丈夫刘涛便气愤出门了。张漪在家里暗自垂泪，想起这几年的辛苦，感到委屈极了。

到吃晚饭的时候，刘涛回来了。可能是饿坏了，看到桌上的好吃的，便来不及洗手就拿起筷子往嘴里扒饭。张漪起身，俏皮地挡住碗，说："这顿饭的劳务费就算10块钱吧，很便宜的，因为是长工，就当批发价了。"说完，伸出手让刘涛掏钱。这时，刘涛才意识到自己的错误，便不好意思地向张漪道歉："我只是说我从来没有乱花钱！老婆，你手艺渐长了，这饭菜还真香！10块钱怎么够？"说完把口袋里的钱包、银行卡全部放到张漪手中。张漪忍不住笑了，坐在她旁边的刘涛，一边吃饭，一边给她夹菜。那种甜蜜，可真是让人羡慕。

像张漪这样有涵养、有智慧且俏皮可爱的女人，谁能说她没有气质呢？这样的女人，总能大度且幽默地消矛盾于无形，是可爱且又可敬的。她们在吵架的时候，很会运用幽默感，比如做鬼脸、吐舌头，说几个只有两个人才能听得懂的秘密笑话，用幽默的方式把彼此的情绪冷静下来。而且，她们在吵架的时候，遵循感情至上的原则，有时候会耍个赖，撒个娇，床头吵架床尾和，愈吵愈甜蜜。

总之，夫妻或恋人间，彼此相爱，就应该宽容对方，原谅对方，理解对方，不要给生活带来太多的噪声。实际上偶尔来一些杂音，斗斗嘴，出出气，训训人，反而会让恋人的生活更加甜蜜，让彼此之间的感情更加深厚。这是因为平淡的生活需要一些刺激来调味，让生活充满更多的滋味。但是斗嘴的时候，要根据彼此之间的性格特点，把握住一个度，不能伤害到对方的自尊，说一些侮辱人的话，更不能揭对方内心的伤疤。

· 幸福箴言

聪明女人在和爱人吵架时，一定坚持这样的原则：

不要说伤害对方自尊的话。

要留心对方的情绪变化：面对心情不好的恋人，我们斗嘴就要有所注意，尽可能顺着他的情绪。

斗嘴时别提过去。

38. 做男人最忠实的"倾听者"

♦ 幸福女人慧语：

☆ 女人在男人面前，越是当你滔滔不绝、喋喋不休的时候，你的愚蠢就会暴露无遗，越会招人厌烦。越是当你洗耳恭听的时候，你的智慧就会快乐生长，就越能获得男人的尊重。

☆ 对女人来说，做男人最忠实的"倾听者"是取人之长、补己之短的良方，是沟通双方、尊重对方的桥梁，是抛弃错误、远离懊悔的法宝。沉默能省去许多烦恼，倾听是最大的智慧。学会倾听，你会发现世界都在对你微笑。

多年前，事业飞速发展的比尔因为经营问题陷入了危机，所有的银行支票都不能如愿地兑现，债权人又不断地上门讨债，这让比尔感到十分忧虑和恐惧。还有就是，他认为自己的妻子承受不了这些灾难，因为她一直都为他而感到骄傲，毫无疑问，这些事情会让她从幸福的巅峰掉进痛苦的深渊，他实在没有勇气和太太说这些事。

双重的压力使他走上自己的仓库的屋顶，那是一间很矮的房屋。几乎没有任何的迟疑，他就跳了下去。依照常理，他至少会受伤。但有趣的是，他把楼下窗户上的遮阳篷撞了个大洞，然后摔在人行道上，全身上下只有大拇指的指甲受了伤。

当他发现自己还好好地活着时，他激动极了，觉得人生所有的烦恼都是不重要的。几分钟之前，他还觉得自己的人生走到了尽头，生命已经是毫无用处的垃圾了。他赶忙回到家，给妻子提及了此事，妻子对此很是震惊，内心也有些慌乱，然后，就开始平静下来，给他寻求解决问题的方案，同时给予他无微不至的安慰和鼓励。接下来，比尔便开始奋发图强，克服难关，更让他感到高兴的是，他知道了要与太太同甘共苦。

生活中，很多男人总是愿意独自默默承受困难而不愿意向妻子诉说，他们认为，不该给妻子增添不必要的烦恼和麻烦，其实，这种看法是错误的。幸福的婚姻该是两人共同承担、相互扶持的过程，男人有了困难应与妻子共同面对，而妻子也应该给予理解和安慰，共同寻求解决之道。

不过，生活中，我们也经常看到这样一些情境：一些丈夫很想把自己面临的烦恼说给妻子听，但妻子却丝毫不感兴趣，或者完全不知道如何去排解丈夫的苦闷。一位心理学家经调查指出，鼓励丈夫在家庭中倾诉工作中无法宣泄的苦恼是妻子们该做的很重要的一件事情。如此尽职的妻子将被赋予"镇静剂"、"共鸣器"、"加油站"的荣誉称号。同时，这位心理学家也指出，男人们需要的不是劝告，而是妻子积极、有技巧地认真倾听他们的倾诉。所有在外工作过的女性都应该知道，无论一天的工作是好还是不好，如果家中的男人能够和她好好谈谈是件极为幸福的事情。即使我们遇上了十分令人开心的事，也不能在办公室里高兴地唱歌；如果我们面临一堆让人心烦的事，也不能向同事倾诉，他们的麻烦也很多。所以，要经营好属于自己的幸福婚姻，请鼓励你的男人下班回到家后把自己心中憋着的苦水或乐水吐出来吧，做他们最忠实的倾听者，分享和感受他们的苦与乐，你将会发现，你的男人会越来越对你温和、体贴。

刘江匆匆忙忙地回到家中，连一口气都顾不上喘便兴奋地对妻子说："亲爱的，你知道吗？今天可是个值得庆祝的好日子！老板让我去汇报我做的那份广告调查报告，而且要我提出自己的营销见解，还有……"

妻子贝蒂看到丈夫神采飞扬的样子，便搬了把椅子坐在丈夫身边认真地注视着他讲话，认真感受着丈夫被公司重用所带来的欢喜和激动。

听罢之后，她对丈夫说："今天果然是个好日子，喏，我已经做好了最可口的酱牛肉、热狗，再开一瓶红酒，我们是该好好地庆祝一番了。"两人的关系迅速地拉近。近来，贝蒂也发现丈夫对她更加温柔和体贴了，她祈祷这种幸福的时光能长久地持续下去。

卡耐基说："一名善于倾听的妻子能带给丈夫最大的安慰。可以想一下，一个温柔自然的女性正在认真地听别人的倾诉，而她所提出的问题，又说明她已经听懂对方所说的每句话，她当然最受欢迎了。无论男人还是女人，都会喜欢这种女性的，因而她也就获得了成功，在无形中拥有了不可估量的资产。"

当然了，要做丈夫最忠心的倾听者，还要注意不要只用耳朵听，要全身心地投入谈话之中。心理学家指出，当一个人讲话时，发现对方没有任何表情，他就会停止继续说下去。对此，女人要注意，在倾听时，要适当地给予表情回馈：如果你为一句话而感动了，你就应该用行动表示出来。当对方让你恍然大悟，你就应该变换一个坐姿。同时，还要在倾听中适当地提出一些诱导性的问题，以表示你对他所说问题的高度关注。

- **幸福箴言**

会倾听的女人是可爱的，她给予丈夫以信心，让丈夫心情愉悦，这样的女人是最能讨得男人欢心和宠爱的。

倾听也是对男人最大的尊重，专心地听别人讲话，是你所能给予别人的最有效也是最好的赞美。无论说话者是上司、下属、亲人或者朋友，倾听都是一种强大的征服人心的语言。

39. 别轻易去触碰男人的心理"底线"

◆ **幸福女人慧语：**

☆ 男人的心理其实和女人一样难以捉摸。尽管男人们平时看起来大大咧咧的，不拘小节，但是他们也是有心理"底线"的。女人不小心一旦触及，便等于置你们的感情于危险的境地。

☆ 在感情生活中，男人有时候会看上去温柔体贴、善良可爱，可是有些东西是不能碰触的，因为一碰就会破裂，那便是底线。所以女人要守住自己的幸福，首先就要管好自己的嘴巴，不要轻易去碰触对方的底线。

有一个真实的故事：

一对夫妻在一起生活，丈夫竟然 10 多年都没有对妻子说过一句话。两人闹成这样，就因为妻子在一次吵架中对着丈夫大喊了一句："你这个垃圾堆里长大的男人。"这句话出口后，便深深地刺伤了男人的自尊心，从此，原本深爱妻子的他不再和妻子说一句话。

十几年里，懂事的孩子和年迈的老人想了很多办法让他们和好，但都没有效果。妻子也为这句话后悔不迭，想想当年的争执也不是多大的事儿，要是冷静一些，也就不会说出那样刻薄的话了。

这件事听起来有些不可思议，但也充分说明：男人也是有心理底线的，是不能触碰的。女人千万不要以为你们在一起很多年，就是一家人了，你就可以在他面前肆无忌惮地想说什么就说什么，否则，会将你辛苦经营起来的感情毁于一旦。真正聪明的女人，会明白男人的哪些地方是不可触碰的"雷区"，然后会格外注意，如此才能握住幸福，让爱情更为长久。

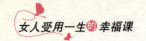

那么对于女人来说，生活中说话应该注意哪几个问题呢？男人最无法容忍的是什么呢？

1. 无法容忍女人批评自己的父母

父母是男人永远的根，是永远的牵挂。或许在你看来他的父母有各种各样的不好，你有各种看不惯，但切记一定不要随便批评甚至侮辱。这种做法要不得。聪明女人都知道，维持一个美满和谐的家庭，就一定要把公公、婆婆的关系处好，更不要批评老公的父母。

2. 无法容忍女人讥讽他的身体缺陷

男人谁不想拥有高大健美的身材，如果他没有，他自己在心里就已经很自卑了，这时女人再对其身体缺陷揪着不放，可真是让男人没有面子。对一个不足一米七的男人说他"好矮"，无异于当面让他下不来台；对一个有罗圈腿的男人说他"腿真难看"，顿时会让他觉得比人矮半截；对一个瘦弱的男人说"你一点肌肉都没有，像个林妹妹"，肯定会让他羞愤难当。女人要记得，类似的话不要轻易说，男人还是非常介意自己的形象的。

3. 无法忍受女人质疑他的能力

男人最怕的就是自己的一腔热情换来女人的一句"你又不行"，哪怕是疑问的语气"你会吗"。如果男人失败了，女人千万不要用嘲讽的口气评价他，那等于是在他的伤口上撒盐。失败了，他心里也不好受，作为妻子就不要再打击他了。他需要的是你的鼓励，而不是你板着脸的教训和埋怨。不如对他温柔一点儿，安慰他"胜败乃兵家常事"，用鼓励让他重整旗鼓，恢复自信。

4. 无法忍受女人觉得别人比他能干

家中的线路坏了，你知道楼下的老刘是电工，但是，你千万不要立刻去求助，更不要脱口而出说："你不会弄，还是找人来修吧！"

男人最讨厌女人拿自己跟别的男人比较，他会觉得你看不起他，他会说："别人都比我强，你跟别人过去吧。"所以，即便你心里明明知道他修不好水龙头，也要给他一个机会。如果他自己修不好，不用你说，他自己也会去求助别人。

男人其实是很讨厌女人拿自己与其他男人做比较的，尤其是当你拿他的短处和别人的长处相比时，这样做会让他没有面子。

5. 无法忍受女人对自己指手画脚

在他做事的时候，你好心从旁提醒，却发现他根本不领情。其实男人非常不希望女人指手画脚，尤其是在外人面前。有的女人偏偏还是要"从旁指导"，甚至大包大揽，干脆一把抢过来："我来吧!"日久天长，大家会夸这个女人能干，被冷落在一旁的丈夫却会越来越没有成就感。

6. 无法忍受女人对他说"这个啊，我已经试过了"

他满腔热情地带女友去试吃新开的西餐厅，去看流星雨，带她看足球比赛，甚至战战兢兢地吻她，即使这个女人可能对这一切一点也没有感到陌生，也不该告诉他，她早就试过了，一点新鲜感都没有，这样会让他觉得很扫兴。大家再去一次，总好过女人以一副专家的口吻对他的新鲜感无动于衷。

> **· 幸福箴言**
>
> 在婚姻生活中，女人不要说："我知道你就会那样说。"而要说："你以前就曾经这样说过，所以它一定还在困扰着你。"
>
> 女人不要说："这事你一直就没做对过。"而要说："你是做了很多努力，但用这种方式是不是太费劲了。"
>
> 女人不要说："为什么你总是不听我说?"而要说："这对我真的很重要。"
>
> 女人不要说："没什么不对。有什么让你觉得不对的?"而要说："是的，有些事确实有问题。"

Part 2
幸福的坐标是自己：
与其向外苦追，不如向内乐求

　　电影《如果·爱》中有句经典台词："记住，对你最好的人永远是你自己。"真正幸福的女人，会把自己作为幸福的坐标，从来不奢望别人能给予自己幸福和快乐。她们真正地明白幸福的真谛，幸福不是一种物质，而是一种心理状态，一种愉悦的情感体验。所以，无论在任何情况下，她们都会选择做一棵独立的树，牢牢地抓住属于自己的命运，用乐观的心态缔造属于自己的幸福。

幸福不是"我能得到什么"，
而是内心长出的一种力量

有位哲人说，幸福是一种甜美的果实，别人摘给你的，只能甜一次，靠自己的本事去摘到，才能甜一辈子。可见，真正长久的幸福，要靠自己去经营。经营在哪里，收获就在哪里。经营理财身不贫，经营思想心不贫。持久的幸福感，要靠经营一颗宁静、稳重、忍耐、淡然而平和的心，这颗心能生出一种乐观的力量，让女人做自己想做的事，坚持自己的原则，追求可以实现的理想，永远不依赖别人，也永远不放弃自己，不为外物的得失而喜悲，不因宠辱而乐忧，永远都被幸福所包围。

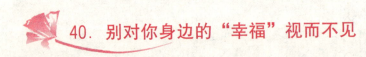

40. 别对你身边的"幸福"视而不见

幸福女人慧语：

☆ 很多人认为幸福是"你能给予我什么"。其实，一切寄托在别人身上的快乐都是暂时的，任何人在你的生活中都只是配角。幸福，是内心生长出的力量，那是一件只与自己有关的事。

☆ 有一种女人，嫁给谁都会幸福；有一种女人，做什么都能成功；有一种女人，不惧岁月变迁，永远保持年轻优雅、风韵迷人的姿态。因为她们懂得，如果自己都给不了自己幸福，任何人都无法拯救你！

作家毕淑敏在《提醒幸福》中提及了这样一个故事：

西方某个国家在进行一场调查研究，题目是"谁是世界上最幸福的人"。因为在报纸上发出了征集答案的征文，成千上万的信函就飞到了报社。报社组织了一个评选委员会，想看看民众对于幸福，对于谁是最幸福的人有着怎样的答案。

最后，按照得票的多少，第一名是给自己的孩子洗完澡后怀抱婴儿的妈妈；第二名是给病人治好了病后目送那个病人远去的医生；第三名是，孩子在海滩上自己筑起一个沙堡，夕阳西下的时候，这个孩子看着自己筑起的沙堡时自得其乐的微笑；第四名是给自己的作品画上句号的作家。

看到这个答案，很多女人可能都有些震惊。因为在很多时候，这四种幸福在自己的身上经历过。你可能是一个孩子的妈妈，给他洗过澡，有抱过他的时候；你可能是一名医生，有治好病人目送病人出院的时候；你也可能曾在沙滩上筑起来沙堡，甚至曾在院落的沙堆里挖过坑，然后看着旁人不小心掉进去；你可能写过文章，给自己的作品画上过句号。我们之所以难过，是因为我们集这些幸福于一身，可是从未感到过幸福。很多女人生活中总是怨天尤人，牢骚满腹，不是因为她们的世界错了，而是她们自己的心态错了。获得幸福其实是一件很简单的事，它经常在我们身边光顾，我们却对它视而不见，还总是羡慕别人的幸福，认为上天对自己不公，终日唉声叹气。直到有一天，突然发现自己也被别人羡慕和仰望，才恍然大悟，原来是自己"身在福中不知福"。

一场大学同学的聚会让简佳郁郁寡欢：当初那个各方面都不如自己的女生，如今都成了一家大型公司的高管，穿着得体的西装套裙，提着配套的名牌包包，质地精美；在交谈间，不时地吐出一口流利的英语，让众人羡慕不已。聚会结束的时候，简佳去搭公交车，而人家却直接上了一辆高级轿车……回家的路上，简佳心里始终愤愤不平。后来，这位女同学到简佳的家里做客。吃饭的时候，同学突然心生感慨："真是美慕你啊，你和老公在一起恩爱的样子，才是女人该有的幸福！别人都觉得我事业做得好，活得潇洒自由，其实，我最想过的日子就是像你们这样，身边有一个爱自己的男人，一个温馨的家，晚上回家有人一起吃晚餐！"

幸福其实时时都围绕在自己身边，简佳其实拥有了很多弥足珍贵的东西：一个疼爱自己的丈夫，一个幸福的家庭，一份属于自己的事业，但她仍然没感觉到自己是幸福的，她的目光始终仰望着别人的生活，直到她发现自己成了别人的仰慕者，才明白自己原来拥有那么多幸福。

生活中，那些总以为自己不幸福的女人，是因为其心灵挤满了太多的负累，无法欣赏自己真正拥有的东西。其实，女人不必对自己苛求，每个人都有令人羡慕的东西，也都有自己的遗憾，没有人能够拥有世界的全部，重要的还是珍惜自己所拥有的，在平淡的日子里品味独属于自己的幸福。

- **幸福箴言**

著名作家六六说："什么是幸福？幸福是一种日积月累，是一种沉淀，是一种过往生活的堆积。幸福是一种感觉，你注意到其中细如发丝的微小眼神。"

幸福像足球一样总是被人踢来踢去。其实，我们每个人都沐浴在幸福的河流中，只是我们的幸福往往都在别人的眼中。

41. 拥有"幸"感，就自然会有"福"来

♦ 幸福女人慧语：

☆ 其实，"幸福"不过两个字，你能感受到"幸"感，就自然会有"福"来。

关于"幸福"的定义，苏格拉底和他的弟子曾有这样一段对话：

弟子问苏格拉底说："什么是幸福？"

苏格拉底转身指着面前一片田野说："请你穿越这片田野，去摘一朵最美丽的花。但是有一个规则，你不能回头，而且只能够摘一次。"

于是，弟子便去做了，许久之后，便捧着一朵美丽无比的花朵来到了苏格拉底的面前。苏格拉底问他："这是最美丽的花朵吗？"

弟子说道："当我不断穿越田野时，我看到的花都是美丽的，因为我认定了它是最美丽的，所以就摘下了它。而且，当我看到其他美丽的花的时候，我依然觉得我摘的这朵花是最美丽的。所以，就把它给带回来了。"

这时，苏格拉底就意味深长地说："这，就便是幸福！只要你能感觉到自己是幸运的，就自然会有'福'来。"

其实，所谓的"幸福"无非两个字，只要你能感受到"幸"感，福气自然就来临了。生活中，很多女人之所以感受不到幸福，是因为她们总觉得自己是不幸运的：自己嫁得不够好，老公不够体贴，孩子不够听话，上司不够体谅自己，朋友不能理解自己……这些琐碎的在乎和担忧，足以吞噬掉该属于女人的快乐时光。对此，毕淑敏说："你感到自己很不幸，是因为你没有遭遇到更大的不幸。请永远记住：这个世界上，除了死亡，没有什么是大事。只要你能够活着，便是幸运的。所

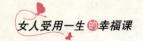

以，从现在开始好好地珍惜并过好每一天吧，因为只有你自己才是最好的医生，其他的人都无能为力。"其实，对于女人来说，活着本身就是一种莫大的幸运，是一种美丽的幸福。当你可以活着、笑着、哭着、吃着、睡着，真真切切地感受到生命的流动，那么，对于人生，你还有什么不满足的呢？

人生充满了坎坷、忧虑，有的会让你仰天大笑，有的则会让你垂头丧气。然而，如果你静下心来仔细想一下，这些都算得了什么呢？因为在生与死并存的世间，有什么比活着更让人觉得幸运和有福气的呢？

在 1991 年 11 月的一天，有 NBA "魔术师" 之称的名将约翰逊在记者招待会上宣布退役，因为他感染了艾滋病毒。这对于年仅 32 岁的他来说，是个噩耗！然而，19 年以来，他仍旧乐观积极地活着，并努力地与恶魔抗争。

其实，在此期间，约翰逊一直在接受着鸡尾酒的疗法，尽力将病情都控制在极为稳定的范围之内。作为三个孩子的父亲与大夫，在家人的悉心陪伴下，他全身心地投入工作之中，管理着一个极具规模的商业王国，其资产比退役时增加了近 20 亿美元。

在 2001 年，他成立了 "魔术师约翰逊发展公司"，并成功地拿下了洛杉矶城市中一块没人要的地，建造了魔术师约翰逊大剧院。同时，他还说服了诸多的商家入驻。形成了一个巨大的新型的商业圈。在 2006 年，他又大胆地收购了一家著名的连锁餐厅。在他的产业除了剧院与餐厅之外，还包括一家制片公司以及湖人队 5％的股权。

除去经商，他几乎将他所有的时间都投入篮球与公益活动中，他曾经担任过一家电台的 NBA 嘉宾主持，而且经常参加以篮球为主题的公益活动……他知道，余生无论如何也摆脱不了病魔的缠绕，但是约翰逊仍旧积极地说道："我从来没将自己当病人，我感觉好极了。我庆幸自己还好好地活着，活一天就赚一天。当我清晨睁开眼睛发现自己还自由地呼吸着，那就是我的节日。我好好地活着，就是为了告诉那些患有艾

滋病的人，一定要自强不息，要积极活泼地面对每一天。"

疾病和灾难都不是人力所能左右的，也是我们无法预料的，生活的流逝是无法挽留的，为此，我们应该怀着感恩的心珍惜存在的每一寸光阴。亲爱的朋友，每天清晨当你睁开眼睛，发现自己还自由顺畅地呼吸着，你就比这个星期中离开人世的 100 万人更幸福、更有福气了。

如果你从来没有经历过战争的危险、被囚禁的孤寂、受饥挨饿的痛苦与受人欺凌的难受，那么，你已经比世界上的 5 亿人幸运多了。

如果你安然地在家中，没有受到侵扰、拘捕、施刑或者是死亡的恐惧，那么，你就已经比世界上至少 30 亿的人幸运了。

如果你现在打开冰箱，发现里面装满了食物，衣柜中有足够的衣服，有栖身的房屋，你已经比世界上 70% 的人幸福和富足了。

2010 年联合国"世界粮食日"上的数据显示，世界上每 7 个人中就有 1 个人在挨饿；全球有 8 亿的人仍旧处于饥饿的状态之中。在发展中国家，有两成人无法获得充足的食物，而在非洲大陆，有 1/3 的儿童因为粮食匮乏而导致长期的营养不良。全球每年会有 600 万的学龄前儿童因为饥饿而夭折！

现在可以查一下你的银行账户，如果里面有存款，钱包有现金，你已经居于世界最富有的 8% 之列！

如果你的双亲仍旧健康地在世，如果你没有分居或者离婚，那么，你已经属于稀有的幸福一族。

如果现在的人能够抬头，并且脸上还带着笑容，并且内心充满感动，你就真的属于幸福一族了。因为世界上大部分的人都可以这样做，但是他们却没有这么去做。

如果你今天能读到这一段文字，那就意味着你又多了一份福气，你比全世界 20 亿不能够阅读的人不是更为幸福吗？

看到这里，你是否觉察到自己是幸福异常的人吗？你幸福的微笑是否已经完全挂在了你的脸上？

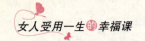

42. 人生的最大幸福莫过于能随心、随性地活着

幸福女人慧语：

☆ 人生，与其不断追求而无法满足，不如先沉淀自己，看清内心真正的需求。只要愿意打开封闭的心，去体会、去拥抱眼前的幸福，就会比别人活得更富足、更开心。

☆ 人的烦恼主要来自：忘了自己的事，爱管别人的事。

☆ 美国总统罗斯福认为，幸福在于获得成就时的喜悦以及产生创造力的激情。

　　一只小狗只要一闲下来的时候，就会不停地绕着自己的尾巴转圈，直到把自己累得筋疲力尽地躺在地上喘气。

　　主人问它说："你天天围着自己的尾巴转圈，那么劳累地在寻找什么呢？"

　　小狗气喘吁吁地说道："有人告诉我说，只要我能够追到自己的尾巴，就可以获得永久的快乐和幸福了。所以，我才会不停地追逐自己的尾巴，以至于每天都活得筋疲力尽。"

　　主人叹了一口气说道："我在年轻的时候，也听别人说过同样的话。所以，当初也像你一样地傻，为了追求自己的幸福把自己搞得疲惫不堪、精疲力竭，最终也没能感受到任何的快乐和幸福。后来我就主动放弃了。当我随性生活的时候，才发现幸福和快乐原来就在我们的后面时刻跟随着我们！"

其实，幸福和快乐都是件极为简单的事情，无须我们刻意去追求，它不在尾巴上，而在我们的心里。它们都是一种简单的、自在的体验，心里怎么想，就去怎么做，就像小草自然地发芽、生长一样；就像小鸟在天空中自由地飞翔一样，不用受尘世的任何束缚和约束。不必为了得到别人的赞美而去故意做作，不必为了满足内心的物欲而给自己的心灵套上枷锁，不必为了显示自己的威严而在孩子面前故作严肃、深沉……它是一种完全根据本我的需求去支配自己行为的一种生活方式，只要能按自我意愿生活着的状态，都是一种幸福的生活。

幸福，其实都是没有既定的模式的。有的女人认为，幸福就是衣食无忧、安逸平静的生活；有的女人认为，幸福就是可以实现自己的梦想，获得成功；还有女人认为，幸福就是能拥有甜蜜的爱情，能够有个人为自己分担烦恼，分享快乐……幸福涵盖的内容太多，包括物质、精神的方方面面，而每个人看重的方向可能有所不同。只要找到适合你的生活方式快乐地去生活，你就是幸福的。

法国小说家方登纳在《幸福论》中阐述的定义是："幸福是人们希望永久不变的一种境界。"也就是说，如果我们的肉体与精神所处的一种境界，能使我们想，"我愿一切都如此永存下去"，或像浮士德对"瞬间"所说的，"哟！逗留一下吧，你是那样美"，那么我们无疑是幸福的。

· 幸福箴言

刘心武说："不要指望，麻雀会飞得很高。高处的天空，那是鹰的领地。麻雀如果摆正了自己的位置，它照样会过得很幸福！"

海子说："从明天起，做一个幸福的人，喂马、劈柴、周游世界。从明天起，和每一个亲人通信，告诉他们我的幸福。"

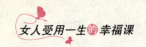

 43. 让自己养成拥抱幸福的习惯

🌺 幸福女人慧语：

☆ 幸福的人掌控自己的情绪，不幸福的人情绪受别人掌控；幸福的人会改变自己，不幸福的人总想改变别人。

☆ 乐观者会在每次危机中看到机会，而悲观者在每个机会中看到了危难；乐观者看到的是油炸圈饼，而悲观者看到的是一个窟窿。

巴尔克勒欲对他的孪生孩子做"性格改造"，因为其中一个过于乐观，而另一个则过分地悲观。

有一天，他买了许多鲜艳的新玩具给悲观的孩子，同时又将乐观的孩子送进了一间堆满马粪的车房里。第二天清晨，父亲看到悲观的孩子正在泣不成声，便问："那些玩具难道不能给你带来快乐吗？"孩子哭着说："那些玩具会坏的！"父亲巴尔克勒听罢叹了一口气，走进车房，却发现那乐观的孩子正兴高采烈地在马粪里掏着什么。看到爸爸，他兴奋地跑过去说："告诉你，爸爸，我想马粪堆里一定还藏着一匹小马呢！"

巴尔克勒的一个孩子即便得到了再多新鲜的玩具，也总是悲伤满腹；而另一个孩子即便是得到一堆马粪，也能开怀畅乐。这告诉女人，一个人是否能获得快乐和幸福，不在于外物环境的好与坏，而在于其内心是否快乐，是否把幸福当成了一种习惯。

生活中，一些女人总是会问：到底如何才能让自己获得幸福？嫁个温顺、体贴的好男人，并且还能拥有万贯家财？其实，如果女人内心是乐观的，把幸福当成了一种习惯，那么，其在生活中一定能收获一连串的惊喜。

阎丽是个性格孤僻的女人，从小到大，她几乎没有朋友，因为凡是与她接触的人，都觉得她太难相处。而阎丽也总是将自己的性格归咎于成长环境，认为是父母之间的不和谐的关系影响了自己，于是，她总是在父母面前抱怨不止。

一直以来，她始终认为只要找一个体贴且能疼爱自己的男人，便能过上真正属于自己的幸福日子。很快，朋友们都听到了她要结婚的消息，纷纷表示："她终于可以卸掉冷傲的外表，过上舒心踏实的日子了。"

她的丈夫是个体贴、憨厚老实的男人，不仅脾气好，而且对她也好，每当她毫无缘由地发脾气，他总是会忍着，而且还想方设法地去哄她高兴。阎丽也曾满脸幸福地告诉周围的朋友："我从来没有遇到这么好的男人，能和他生活在一起，我相信这辈子都会很幸福，至于过去的那些事情我也会慢慢地忘掉。"

然而，结局并不像阎丽所期待的那样。一年后，她却与老公离婚了。她的丈夫因为无法忍受地狱般的生活，终于向她提出了离婚的请求。

许多生性悲观的女人都认为，幸福是有条件的，只要某种条件或目标达到了，幸福就自然会来。殊不知，幸福是一种习惯，它与外界环境与物质的多寡是完全无关系的。一个对生活充满悲观情绪的人，无论处于什么样的状态下或者达成什么样的人生目标，都很难获得人生的幸福，即便是拥有了幸福感，也只是暂时的。

女人要知道，幸福感其实并不受金钱、环境等外物的影响，更多的时候，它只是个人意志、性格等内在因素发挥作用的结果。女人要获得幸福，最重要的是从寻常生活中寻找幸福。遇到不顺心的事情，不妨换个角度去看，重新审视自己的生活，养成时刻寻找幸福的习惯。还可以尝试每天或是每周记录下两件让自己感到开心的事情，这些事情会提供给我们获得幸福的原动力，而且记录下这些事情，也能够让我们牢牢地

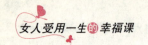

记住那些令人感到快乐的理由。起初，可能需要花费一点时间，慢慢地就会形成习惯了。

养成拥抱幸福的习惯，就会用积极乐观的眼光对待周围的人；养成拥抱幸福的习惯，就会少一些抱怨，多些理解和宽容；养成拥抱幸福的习惯，才能在平淡的日子里感受到快乐，才能让平凡的日子绚烂多姿，充满色彩。

> **· 幸福箴言**
>
> 　　一位哲学家说，这个世界很大，有很多人，也有很多幸福。人呢，不能什么都要，只要抓住那份属于自己的幸福就可以了。
>
> 　　每个人对幸福的理解都不同，每个人想要的幸福也是不尽相同的。属于你自己的幸福到底是什么？每个人都有自己想要的答案。那就迈开你的脚步，去寻找属于自己的幸福生活吧，找到后，记住抓紧它，别让它溜走！

44. 幸福是过程，不是忙碌一生后所达到的顶点

 幸福女人慧语：

☆ 与其审视观望尚未可知的未来，不如重视不可得的现实；现实的生活需要体味，拥有体味才能拥有幸福。

☆ 生活就似登山，我们不要为了登山而登山，而应着重于攀登中的观赏、感受和互动。若忽略了沿途的风光，你永远无法体味到其中的乐趣，登山也失去了原有的意义。幸福也是一样，它的重要意义在于过程的体味，而不是忙碌一生后才能到达的一个顶点。

　　美国作家威廉·杜朗曾经叙述过他曾经寻找幸福的过程。他先从知

识里寻找幸福，得到的只是幻灭；从旅行找，得到的只是疲倦；从财富里找，得到的只是争斗和忧愁；从写作中找，得到的只有劳累。然而有一天，他从车站里出来，看到一辆小汽车里坐着一位中年妇女，怀里抱着一个熟睡的婴儿。一位中年男子从火车上下来，径直走到汽车旁边。他吻了一下妻子，又轻轻地吻了一下婴儿——生怕把他惊醒。然后，这一家人就开车离去了。这时杜朗才惊奇地发现什么是真正的幸福。他高兴地松了一口气，从此懂得：幸福存在于生活的过程中，生活的每一个正常活动都带有某种幸福。

然而，在现实生活中，我们却总是认为幸福在于某一生活或工作目标的实现，为此，我们总是被生活的忙碌所累：每天上班、下班，忙碌一天后，多数人还要被无休止的应酬所缠绕，我们的心灵好像被上了发条一般，生命也变得机械、紧张、麻木、苍白，丝毫感受不到生活的任何精彩和乐趣。

要知道，生活的真谛在于追求幸福的快乐，幸福是过程，不是忙碌一生后所达到的顶点，紧张与麻木更不是生活该有的常态。为此，我们一定要抛开一切，放开心中紧绷的弦，让自己清闲下来一阵，真切去感受奋斗过程中的快乐和幸福，如此才能重新找到生命的意义和乐趣。

一位事业上成功的企业家每天都要承担巨大的工作量，没有一个人可以为他分担公司的业务。在每天繁重、忙碌的工作之余，他每天还提着一个沉重的手提包回家，包里装的全部是由他必须要亲自处理的急件。

整日紧张劳累的工作，使这位企业家身心疲惫，身体每况愈下，不得不到医院去进行诊疗。对此，医生给他开了一个处方：每天散步两个小时；每个星期都要抽出半天的时间到郊外的墓地一趟。

这位企业家对此很是不解，说道："为什么要在墓地待上半天呢？这与我的身体健康有什么关系吗？"

"因为……"医生不慌不忙地回答道，"我只是希望你能够四处地走一走，瞧一瞧那些与世长辞的人的墓碑。身处墓地时，你可以仔细地思考一下，他们生前也与你一样，认为自己能扛得住全世界的事情，如今他们全部都长眠于黄土之中。也许将来有一天你也会加入他们的行列之中。然而，整个地球的活动还是永恒不断地进行着，而其他世人则仍是与你一样继续地为工作、为生活忙碌着，丝毫不会因为谁而改变什么。整个世界年年月月就这么不断地循环着，永无止境！"

为此，企业家终于悟到了其中的道理，生活的意义不在于紧张、忙碌，应当学会适当地放松，让心灵有所解脱。唯有如此，生活才能过得更有意义、更加美好。

从医院回来后，企业家就放慢了一向匆忙的脚步。只要上班时间一过，他就会慎重地放下沉重的手提包。晚饭后，他就会偕妻儿一同到外面去散步，并且还按照医生的叮嘱，抽出一些时间去墓地冥思。当他平静地投身于这一切时，他就能真切地感受到好像有人在静静地聆听他诉说那不堪负重的压力一般，安慰他那压抑的心灵。从前那种累累重压的苦闷也被驱除了，这种轻松的心态也使得这位企业家在事业上平步青云，在生活中乐观开怀，活得滋润极了。

所以，在百忙之中的你，是否想过适当地停下来，给自己的心灵放个假，让它充分享受放松所带来的愉悦感呢？别总以为将心装得满满的就是一种莫大的充实，其实卸下心灵的负荷也是一种莫大的幸福。

人生是一条单行道，永远不可逆转。你如果只工作，为活下去而拼命地工作，得不到任何闲暇，还有什么情趣可言呢？所以，从现在开始，给自己留点时间轻松一下吧，如此这样，生活才会多姿多彩。如果时常将自己置于大自然中，任心灵自由自在地驰骋，让人在物我两忘的境界中，将天地万物置于空灵之中，这是何等地惬意，何等无拘无束、舒畅的心境啊！

· 幸福箴言

　　生活的每一个细节其实都带着某种幸福。比如一个浅浅的吻，其中蕴含着丈夫的关爱、父亲的慈爱，这一个小小的细节却是饱含着人类对感情最详细的诠释。

　　其实，每个人都可以在平凡的生活中召唤幸福，不用什么妙法仙方，只是需要你感情的投入。给睡梦中的孩子拉拉松掉的棉被，那拉棉被的手就是幸福召唤的方式；给疲倦的爱人敲敲脊背，那一上一下、一紧一松的拳头就是召唤幸福的方式；给悄然老去的父母讲一个古老得掉了牙的笑话，那平稳的气流就是召唤幸福最强有力的方式。在你使用这些方式召唤着幸福时，难道此刻你不是世间幸福的人吗？

45. 心灵的"戾气"，是智慧不够的产物

❤ 幸福女人慧语：

　　☆ 一个女人如果成为不了自己心态的主人，必然会沦为情绪的奴隶。发脾气是本能，能够控制情绪是一种高超的本领。

　　☆ 生活中的问题往往能带来情绪，但是情绪却丝毫解决不了问题。身为女人，千万不要把坏情绪挂在脸上，因为那不仅解决不了你所遇到的所有问题，而且还会令人生厌的。

　　☆ 女人心灵长出的"戾气"，都是智慧不够的产物。其实想想，那些我们所唾弃的人，他们身上或多或少都有些我们自己的影子。阅历越深对人对事就会越宽容，这其实是对自我的一种接纳。所以，管好你的脾气，心灵的戾气恰恰彰显了你的短板。

　　一天，周勃和几个朋友在七嘴八舌地谈论一位邻居的坏脾气。周勃说，他那个人你们还真不了解，动不动就给人脸色，发起火来能把整个村子给点了。这话恰巧被那位邻居听到了，不禁怒火中烧，二话没说，上去按住周勃就是一顿暴打，并且嘴里还质问周勃说："我的脾气真如你说的那么坏吗？就会在背后说人闲话，真是小人一个。"这时候，一位旁观者站起来说："你上去不分青红皂白就把人家给暴打一顿，难道人家说得有错吗？"这位邻居听罢，顿时哑口无言，灰溜溜地走开了。

这虽然是一则笑话，但是却说明，人的坏情绪完全是智慧不够的产物。因为智慧不够，所以对周围的世界与事物看不透、分不清，所以，极容易生出怨气和怒气来，长此以往，心灵的戾气便产生了。一个真正富有智慧的女人，内在思想是丰盈的，其对这个世界、对社会、对人生已经有了一整套比较完整的看法，所以，无论在何人与何事面前都会保持淡定和淡然。同时，她们无论在任何情况下，都会转变心态，获得快乐。

有一位中国妇人在美国纽约一条街市上卖果蔬，因为她做人极为厚道，不管面对怎样刁难的顾客，她都能和颜悦色对待。另外，她的菜十分新鲜，所以，生意总是特别好。这让与她相邻摊位的小商贩很不满意。他们在扫地的时候，总会有意地将垃圾扫到她的店门口。但是，这位中国妇人并没有去过多地计较，而且每次还会把垃圾扫到角落中堆起来，然后又将店门清扫得干干净净。

后来，周围有一位好心的人就忍不住问她："周围所有的人都将垃圾扫到你家大门口，你为什么一点也不生气呢？"中国妇人却笑着回答道："在我们国家，过年的时候大家都会把垃圾往家中扫，因为垃圾就代表财富，垃圾越多，就代表你来年赚很多钱。现在每天都会有人将垃圾送到我这里来，我感谢他们还来不及呢！这也代表我的财运会很好，我是不会埋怨他们的。"

后来，中国妇人每天都会在清扫垃圾的过程中将有用的收起来，变废为宝，为自己带来了一些额外收入。

面对他人的扫垃圾的不礼貌行为，许多女人都会生气，会由此与他人大动干戈，但是这位妇人却能及时地转换自己的心态，欣然接受，并将之变废为宝，为自己赢得了财富。由此可见，一个富有智慧的女人，因为有厚实的内在知识做支撑，就不会在乎有多少人冒犯她，更不会在乎有多少人误解她，更不在乎外界世俗偏见对她的评价，因为她的内心本身就是一个完美的世界，为此她不会色厉内荏，外强中干。这样的女人，对自己和周围的事物有着极为强大的信念，这种信念让她能够坚持自我原则，和谐地与社会万物相处。

一个富有智慧的女人，内心是强大的，其有开放的意识与开放的心态，对于任何不同的声音，她都能够认真听进去，然后能用自己的逻辑、常识、常理、直觉、经验以及科学的方法去检验。所以她们对于他人冒犯性的行为和话语不会轻易发怒，而是会理智且和谐地解决与他人的冲突和矛盾。

所以，如果你是一个爱生气，易发怒且想改掉这些坏毛病的女人，请先去充实自己的大脑，丰盈自己的内心，增添自己的智慧吧！

• 幸福箴言

富有智慧的女人不会常常失眠、焦虑、急躁，并随时随地做人生中最坏的打算，却往最好处追求。一切灾难与痛苦，都早在她的生命中思量过了，甚至丰富真切地体验过了。

富有智慧的女人，遇事不会焦急地等待，而是坚定地行动，她的行动标准是内在的，而不是外在的。不以物喜，不以己悲，宠辱不惊，淡然处之。她相信人生中任何经验，包括那些不幸与痛苦所带来的感受，都将化成她人生中独特的体验。而这些经验都将化成她的思想智慧，成为她内心更为强大的材料。

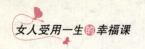

46. 活在"此刻"，享受当下

♦ 幸福女人慧语：

☆ 有一种战争，你永远不会赢，那是和过去的较量；有一种纠缠注定不会有结果，那是和过去的纠缠。

☆ 人生就像一张有去无回的单程车票，没有彩排，每一场都是现场直播，每一天都是人生的站点。生命的意义只能从当下去寻找。幸福就在当下，当你存心去找快乐的时候，往往找不到，唯有让自己活在此刻，全神贯注于周遭的事物，快乐便会不请自来。

☆ 人生的快乐不是挂念过去，也不是憧憬未来，而是活在此刻，享受当下此刻。从某种意义上说，无论是过去还是未来，都是由当下决定的，只有抓住了当下，人生才会有快乐的过去和顺畅的未来。

威廉·格纳斯是一位著名的心理医生，在行医过程中，他接触最多的就是因焦虑和忧愁而生病的人，他们不是为过去烦恼就是为未来忧虑，长期闷闷不乐，毁坏了健康。为了能够更彻底地治疗这些人的病，威廉·格纳斯为他们开了一个极为简单有效的方子：他告诉这些病人，生命的每一个刹那都是唯一、只要尽力地过好生命的每一个刹那就可以了。他的意思是说，只要把今天的事情做好，只要尽力地要使"当下"过得快乐就可以了，无须再为过去、明天或后天的事情担忧。

他说："我们生命的每一个时光都是唯一的、不复返的，所以我们要活在此刻，不要让明天或过去的忧愁将其浪费掉。只要你无限地珍惜此刻和今天，还有什么事情值得我们去担心的呢？每天只要活到就寝的时间就够了，不知抗拒烦恼的人总是要英年早逝。"

的确如此，如果我们每天都处于忧虑之中，身体早晚会被过去与未来的事情所拉断。

过一天算一天，如果我们将自己的精力用来更多地关注眼下的时光与日子，将日子分成一小段一小段，所有的事情可能就会变得容易得多。如果我们只生活在生命的每一片刻，就会没有时间去后悔，没有时间去担忧，烦恼也就不存在了。

杰西是个聪明的男孩子，半年前，他的外祖母去世了。外祖母在生前极其疼爱他，所以，小家伙很是伤心难过，无法排遣心中的忧伤，每天茶饭不思，更没有心思学习。这种痛苦的状态已经持续了大半年，周围的人都说他是个重感情的好孩子，但是他的父母却极为着急，因为大半年时间里，他不肯好好吃饭，已经严重影响了他的健康。

他的父母也不知如何安慰他。有一次，小杰西的外公来到他们家，看到此情形，就决定要和他聊聊天。

"你为什么这么伤心呢？"外公问他。

"因为外祖母永远离开了我，她再也不会回来了。"他回答。

"那你还知道什么永远也不会回来了吗？"外公问道。

"嗯……不知道。还有什么会永远不会回来的呢？"他答不上来，反问道。

"你所度过的所有的时间，以及时间中的事物，过去了就永远不会回来了。就像你的昨天过去，它就会变成永远的昨天，以后我们也无法再回到昨天弥补什么了；就像你的爸爸以前也和你一样小，如果他在你这么小的时候不愉快地玩耍，不好好学习，牢牢地为未来打好基础，就再也无法回去重新来一回了；也就如今天的太阳即将落下去，如果我们错过了今天的太阳，就再也找不回原来的了……"

杰西是个十分聪明的孩子，听了外公的话后，他每天放学回家就会在家里的院子看着太阳一寸寸地沉到地平线下面，就知道一天真的就这么过完了，虽然明天还会升起新的太阳，但是永远也不会有今天的太阳了。他懂得不再沉溺于过去的悲伤之中，而是振作起来，好好学习和生活，认真地把握住自己度过的每一个瞬间。

我们生命中的每一个当下都是独一无二的，它既不是过去的延续，也不是未来的承接。时间是由无数个"当下"串联在一起的，每一个瞬间、每一个当下都将是永恒。所以，当我们吃饭的时候，要全然地吃饭，不要管自己在吃什么；当我们玩乐的时候，要全然地玩乐，不管在玩什么；当我们爱上对方的时候，要全然地去爱，不要计较过去，也不要去算计未来。就像《飘》里的女主角郝思嘉一样，在自己烦恼的时刻总是对自己说："现在我不要想这些烦恼的事情，等明天再说，毕竟，明天又是新的一天。"昨天成为过去，明天尚未到来，想那么多干吗，过好此刻才最真实，否则，此刻即将消失的时光，上哪儿去找？

人生，当下亦是真，缘去即为幻。所以，所有生活在烦恼中的女人都要共勉：眼前的每一瞬间，都要认真地把握；当下的每一件事，都要认真地去做；生命中的每一个人都要认真地对待，别让发生过的或没有发生的占去一瞬永恒的时光，因为"缘去即为幻"，别让自己徒留"为时已晚"的遗恨。逝者不可追，来者犹可待，当下的时光是生命中最为珍贵的时光——生命的意义就是由这每一个唯一的刹那构成的。

- **幸福箴言**

活在此刻，享受"当下"，是指你现在正在做的事、待的地方以及周围一起工作和生活的人。"活在当下"就是把你关注的焦点集中到这些人、事、物上面，全心全意认真地去接纳、品尝、投入和体验这一切。

当你心存幸福的时候，往往会空手而归，只要让自己活在"当下"，全神贯注于周围的事物，幸福便会不请自来。或许人生的意义不过是嗅嗅身旁每一朵绚丽的花朵，享受一路走来的点点滴滴。

47. 只有过好"今天"，才能在"明天"收获幸福

♦ 幸福女人慧语：

☆ 无论你今天如何充满忧虑，明天的落叶还是会飘下来。做好"今天"的努力，才能收获明天的"幸福"。

☆ 安吉丽思·巴巴拉说："快乐只存在每一个刹那的当下，快乐降临的那一刹那，一旦存心追索，我们的心就已不在此时此地。"

☆ 要想除掉你内心的忧虑，就要懂得用行动充满每一个"今天"。当你把所有的注意力都倾注于"今天"的行动上时，你不仅能收获充实和满足，还能轻易获得明天的幸福。

一个人曾经向弘一法师问道："人的一生中哪一天最为重要？"弘一法师不假思索地答道："今天。"对方问："为什么呢？"他答道："因为今天是我们拥有的唯一财富。昨天不论多么值得回忆和怀念，它都像沉船一样沉入海底了；明天不论多么辉煌，它都还没有到来；而今天不论多么平常、多么黯淡，都能在我们手中牢牢地握着，由我们所支配。"弘一法师的话给我们以这样的启示，要想消除你内心不必要的忧虑，就必须要学会好好地利用今天，将你所有的行为和注意力都倾注到"现在"。只有"今天"才是你可以真正把握的，充分利用"今天"，你就能做许多事情，而且还可以做得更好。

在美国有一位老妇人，丈夫在她 60 岁的时候突然去世了。当她正沉浸在丧夫之痛中时，接下来接二连三的打击更是让她崩溃：首先是她的几个子女为遗产继承问题闹得不可开交，而且相互之间还大打出手。接着是丈夫生前倾尽全力经营的公司宣布破产。为了还债，她不得不卖

掉房子以及家中所有值钱的东西。这一系列的不幸，使她早已无法承受，她不知道今后的路自己能否坚持走下去。

于是，她整天郁郁寡欢，不停地在心中叨念着：我已经 60 岁了，我已经 60 岁了！谁都清楚，她是在为自己的未来担心。

她想重新到外面找一份工作，但是当这个念头冒出来的时候，她自己都震惊了：谁会雇用一个老妇人呢？即便有人愿意，一个 60 岁的老妇人能干些什么呢？即便是能做些简单的活，但是谁又能相信她给她提供工作的机会呢？

她不停地担心别人嫌她老，担心别人嫌她动作迟缓，担心自己无法承受别人要求的工作强度……这一系列的担心更让她怀念过去，怀念丈夫在世的岁月。由怀念而生悲痛，又重新陷入丧夫的阴影中不能自拔，久而久之，贫穷、寂寞、疾病等全部都被她请进了门。

她不得不选择住院，医生了解到她的情况后，就对她说："你的病情太严重了，需要长期住院治疗。但是你又没钱……我看这样吧，从现在开始，你可以在本院做零工，以赚取你的医疗费用。"

她就问道："我能够做什么呢？"医生说："你就每天打扫病人的房间吧！"

于是，她就开始手握扫帚，每天不停地忙碌着。慢慢地，她的内心就恢复了平静：反正没有比这更好的活法了，而且就目前的情况来说，自己似乎根本别无选择。她开始不停地忙碌起来，每踏进一间病房，她就开始目睹一次他人的病痛与灾难，心也就开始豁亮一次，因为她觉得自己是所有病人当中情况最好的。渐渐地，她也不再担心什么，因为实在太忙碌了。对她来说，担心反倒成为了一种极为奢侈的情绪，因为它需要闲暇。

疾病和寂寞被驱除，剩下的就是要花力气解决贫穷问题了。为此，当医院让她"出院"时，她就恳切地说服院方让她留下来，她就继续地在保洁员的岗位上又做了 3 年。由于她经常接触病人，她对病人的心理也了如指掌。3 年后，她就被院方聘为心理咨询师。疾病、寂寞早已离她而去，贫穷也开始向她挥手告别，她觉得自己新的人生要开始了。

在她 72 岁那年，她已经掌控了这家医院的 51％ 的股份。她的办公室的墙上有这么一句话："昨天的痛，已经承受过了，有必要反复去兑现吗？明天的痛，尚未到来，有必要提前结算吗？只要肯用行动充实生命中的每一个'今天'，勇敢向前，机会就在柳暗花明间。"

"昨天的痛，已经承受过了，有必要反复去兑现吗？明天的痛，尚未到来，有必要提前去结算吗？只要肯用行动去充实生命中的每一个'今天'，勇敢向前，机会就会在柳暗花明间。"这段话说得真是太棒了，不管你是哪个年龄段的人，这段话都可以提醒你，让你时刻用行动去解除内心的种种忧虑，着重地过好眼前的每一个"今天"。

如果你懂得珍惜"今天"，而且能用行动让自己置身其中，那么你就会获得非常美好的感觉。忧虑就是放弃现在，放弃今天，为了虚妄的过去与缥缈的未来牺牲了现在的时光，不仅会让你失去现在的快乐，也会使你永远地失去欢乐。如果说明天是建立在今天的基石上的话，失去了今天，也只会让明天的房子坍塌得更快。到那个时候，你又会为什么没有为自己做好准备而懊悔，千万别让自己陷入这种糟糕的恶性循环之中。

懂得珍惜今天，并能够充分利用今天的人，就是为自己选择了一个自由的、成功的和充实的人生。美国著名教育家戴尔·卡耐基的作品影响了全世界数以万计的人。他在《人性的弱点》一书中，给那些生活在苦恼的人们制订了一份计划，这份计划的重点就是用行动去充实每一个"今天"：

今天我要用行动来提升我的心灵。我要学习，不让心灵空虚。我要阅读有益身心的书籍，提高我的修养。

今天我要做三件事：我要默默地为某个人做一件好事，我还要做一件我以前不愿做的事、一件不敢做的事。做这些事的目的，只是为了锻炼我的勇气和勤勉，让我不致懈怠。

今天我要让自己看起来更美丽。我要穿着得体、举止大方、谈吐优雅。我要多予赞赏，少作批评，不让自己抱怨，不去挑任何人的毛病。

今天我要全心全意地只过好这一天，不去想我整个的人生。一天工作12个小时固然很好，可如果想到一辈子都要这样度过，我自己都会觉得恐怖。

今天我要制订计划。我要计划每小时要做的事。可能不会完全按照计划实现，但我还是要计划，为的是避免仓促和犹豫不决。

今天我要给自己留半个小时的时间静息片刻，让自己思考一下我的人生。

今天我要很开心。只有现在的行动才能给我带来无尽的幸福和快乐。

······

女人，为了从此不再让烦恼纠缠自己，请立即行动起来吧，只有让自己切实地行动起来，才能让内心获得平静和充实，才能让自己把握机会，看到更为光明的未来。

· 幸福箴言

漫漫人生路上的时光仅仅只有三天：昨天、今天、明天。昨天早已过眼云烟，一去不复返，再如何悔恨也无济于事，所以我们不必为过去的痛苦而失去现在的心情；明天会怎样还是个未知数，可望不可即，再怎么忧虑、惶惶不可终日，也不过是自己的空念。只有今天，今天的心、今天的事与现在的人，是实实在在摆在我们面前的，只有认真过好当下的时光，抓住当下的快乐，才能够收获快乐的人生。

48. "学习"是抵制惶恐无助的最佳助手

❤ 幸福女人慧语：

☆ 当你无助的时候，不要把时间用在"惶恐"上面，不妨去学习一样东西，并把这当成习惯。

☆ 女人一生结婚、工作、生子，其终极目标便是寻求一种安全感。"安全感"是多数女人所匮乏的，当你感受到无助，这就是来自上天的信号：该给自己添点料了。而学习，则是抵制女人惶恐无助的最佳助手。

生活中，每个女人都会有被惶恐无助袭击的时候：被人在背后论是非，被同事抢了功劳，被老板无端地责骂，被工作压力袭击，被老公指责，被孩子下降的成绩恼心……种种不如意，会像炸弹一样，还未等你准备好，便在你周围引爆，搞得你措手不及，心烦意乱。而这时，很多内心缺乏定力的女人，便会随意发脾气，招致坏脾气，从而越来越惶恐，将自己置于焦虑的泥潭中无法自拔。

苏芩说，惶恐无助，揭示了人生的短板。快乐的时候，人们可以稍事放纵，当你感受到无助，这就是来自上天的信号：该给自己添点料了。而学习，无疑是你抵制无助的最佳助手，不妨你可以尝试一下：

当听到有人在背后说你坏话，别把时间用在寻仇反击上，跟着电视学一道小菜，便能保证你的餐桌上更有营养，更能引人称赞。

当被同事抢了功劳，别把时间浪费在咒骂上，先放下手头的工作，约闺密一起去逛街，不一定非要买东西，在高级商场逛上一天，你就发现，自己的审美品位一下子提升了。

　　当你被老板无端责骂，别把时间浪费在痛苦揪心上，找开音响学习一支歌曲，当歌唱熟了，心境自然就开阔了。

　　当你被工作中的难题压得喘不过气来，更不该把时间浪费在买醉上面，买上一本书，里面总有几页知识将来有一天被你用得到。

　　当你被朋友误解，不应该伤心、痛苦，而是先放下眼前的一切，去学习一段舞蹈，等舞蹈学会了，你的心结有可能就解开了。

　　……

　　总之，学习是抵抗一个人惶恐无助的最佳助手。它能转移你的注意力，帮助你分散对未来的不确定性，并且坚定对自己的自信心，更可以把时间利用到最佳值。无助，可以使你变得更为强大，却只能使多数人内心越来越自闭，越来越卑微。这完全取决于你，在最无助和恐慌的时候，你在干什么。

　　悲伤、焦虑、烦恼等负面情绪常常会让人不期而遇，如果一遇事便沉浸其中，那么，你将会在坏情绪的泥潭中越陷越深。在这个时候，你能以学习一门业余兴趣，乃至一项小的生活技能来转移自己的注意力，不仅控制了自己的坏情绪，避免生活滋生出一些不必要的麻烦和烦恼，还可以获得一种新技能，充实自己的内在，增加你的自信心，它是减轻你对未来的惶恐感的最佳良药。

　　总之，命运最垂青能够控制自我情绪的女人，这样的女人在任何时候都能不动声色且镇定自若地面对生活中的种种琐事。她们集成熟、独立、宽容、风情于一身，永远不会因为岁月的流逝而失去光泽。这样的女人，可以让你在轻描淡写间应对一切的变化，让她们在挑衅中透露着稳重、独立和成熟，在张扬中尽显内敛和魅力。这样的女人，会绕过岁月，将美丽和幸福进行到底。

· **幸福箴言**

亚里士多德说过："优秀是一种习惯。"而斐贝认为，最优秀的习惯就是学习。身为现代女性，只有不断学习，才能高瞻远瞩；只有不断学习，才能超越梦想；只有不断学习，才能魅力永存；只有不断学习，才能事业常青。一个拥有持久学习力的女性，就像一杯浓香的醇酒，在她们身上，气质、美丽、智慧、幸福、成功、魅力……一个都不会少，这样的女人无疑是最迷人的。

49. 懂得"富养"自己的女人幸福感最强

🌺 **幸福女人慧语：**

☆ 女人一生最重要的事情就是要学会善待自己，"富养"自己，经营好自己。

☆ 善待自己，是生命快乐的宣言，是对生命的庄重承诺。善待自己就是改善自我，善待自己就是珍视自己的心灵。

情感作家苏芩说，女人爱自己的一个最直观体现，就是舍得为自己投资。善待自己的女人，事业的进取心更强、生活的幸福感也更强。这其实是告诉女人，无论在何种情况下，都别忘记善待自己。拼命地对自己好，是女人一生最靠谱的幸福。让自己内心丰盈，外表灿烂得如初阳，一次随心所欲的旅行，一次无所顾忌的购物行动，都会让女人内心备感满足，充满幸福。懂得"富养"自己的女人，心灵是健康和富足的，生活是优雅的，工作是开心的，这样的女人，拥有的是内外兼具的魅力。无论在婚恋场上，还是在交际场上，她们本身就是一块磁场，众人不自觉地就会向她靠近。

懂得"富养"自己的女人，在物质上从来不苛责自己，逛商场，喝咖啡，每天把自己装扮得精致迷人。当然，她们不会为了享乐而铺张浪费，而是懂得花心思让自己活得更快活。这样有品位的女人也是智慧的，她们懂得，生活中的痛苦，除了自己，没有人能帮自己承受。所以，无论遭遇什么，她们都不会折磨自己，而是学着把一切看淡，然后去搜寻生活中独属于自己的幸福和快乐。

懂得"富养"自己的女人，无论追求物质还是舒缓情绪，快乐是她们生活的第一目标和宗旨。她们懂得，只有自己快乐，才能给周围的人带去快乐。这样的女人无论走到哪里，都能用积极的情绪感染他人，这样的女人无疑是幸福而快乐的。

懂得"富养"自己的女人，总能理智地面对感情。她不把爱情和男人当成自己生活的全部，绝不会委曲求全去换取一个男人的爱情。当一个男人离开，她们会以微笑相送，然后全身心投入工作和学习中，让自己尽快从阴影中走出。

同时，懂得"富养"自己的女人，即便是在婚姻中，也不会把自己全部奉献和牺牲给家庭。她们懂得给自己留出时间和空间，自己独自出去旅游，把家里的一切留给丈夫，让他尝试一下管家和孩子的滋味。她们也会躲起来去读自己早想读却一直没时间去读，自己认为最有意思的图书。她们会去买自己以前想买，可总舍不得买的时装。让自己漂亮，也是为了给自己一个好的心情。

"富养"自己的心灵，是有气质、有品位的女人的生活目标。她们懂得：人的狭隘、纠结、怯弱，全都是因为世面见得太少。为此，她们会旅行、读书，但凡能让自己内心丰富的事情都会去尝试。岁月会把普通女人变成妇女，经历却把她们变成了处处受人欢迎的"富女"。心灵富足了，人外在的气质便自然就有了。

· **幸福箴言**

"富养"自己的女人，最大的爱好就是看书。爱看书的习惯，让她们有了沉静的心态和感知丰富生活的能力。心灵的丰富，练就了她们出口成章的本领。可以说，阅读过的书籍都成为这些女人的人生资本，深厚的涵养和优雅的谈吐，让她们成为社交和婚恋场上的"大赢家"。

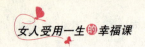
快乐的心能生出金子，以"快乐"
为圆心转出一生的幸福

一位哲人说，这个世界上没有不快乐的生活，只有不肯快乐的心。人的快乐和悲伤皆由心而生，与外界物欲的多寡、条件的好坏都是无关的。生活中，总有一些女人整天闷闷不乐，但这并不证明她们比那些每天开心的人不幸，生活对谁都是平等的。你不开心，并不是因为你的生活有多少烦恼，而是因为你的心不肯快乐。

你的心若是种满了悲观的种子，那么你看什么都是灰色的；你的心若是快乐的，即便生活乌云密布，也会因为即将看到的风雨后的彩虹而欣喜不已。

50. 愉悦的根基在自己身上：快乐是心灵的"滋生物"

♦ 幸福女人慧语：

☆ 这个世界上没有任何人会给你增添烦恼，除了你自己。我们生活中所有的烦恼都是自找的，那是你心灵的"滋生物"，与外界的任何事物都无关。

☆ 张小娴说："快乐的时间留不住，悲伤的时光也会过去，悲伤的时候，告诉自己，就连悲伤也会随着日子渐渐变得模糊。有一天，眼泪会变成欢笑，只要给我一点时间就好。"

　　这个世界上除了自己，没有什么能真正束缚我们。同样，一个人是否开心，不在于他处于什么样的环境中，而是由他的心境决定的。我们生活中的一切烦恼、悲伤、快乐、愉悦都是内心滋生的一种力量，它与外界无关。所以，身为女人，要获得内在的幸福和快乐，首先要学会去改变自己的心态，转变自己的态度。

　　有一位名叫格丽雅的美国女士，她每天都很烦恼、痛苦和郁闷，生活对于她来说就是一种煎熬。因为她随着丈夫从军，丈夫的部队就驻扎在沙漠地带，他住的是铁皮房，与周围的印第安人、墨西哥人语言也不通；当地的气温极高，在仙人掌的阴影之下，都高达45度之上；更为糟糕的是，后来，她的丈夫奉命上前线了，只剩下她孤零零的一个人。为此，她整天都愁眉不展，度日如年。她内心的痛苦无言以表。

　　无奈之下，她便给父亲写信，希望回家去。她打开许久盼回的来信，让她大失所望。父母没有安慰自己，也没有让她回家，而那封信只是薄薄的信纸，上面简短地写着这样一句话："两个人同时从监狱的窗户往外看，一个看到的是泥土，而另一个看到的却是星星。"

　　她开始失望至极，还有几分的生气。后来，她终于从父母的一行字中找到了自己的问题：她过去总是会习惯性地低头看，结果只是看到了泥土。但自己为何不学着抬头看呢？抬头看，就能看到天上的星星！而我们生活中一定不是泥土，一定会有星星！自己为何不抬头去寻找星星，去欣赏星星，去享受星星带给自己的灿烂的美好呢？

　　她终于想开了，也开始那么做了。从此之后，她开始主动与周围的印第安人、墨西哥人交朋友，结果使她惊喜万分，因为她发现他们都是如此地好客和热情，慢慢地他们就成了好朋友，他们还给她许多珍贵的陶器与纺织品做礼物；她开始研究沙漠中的仙人掌，一边研究，一边做笔记，没想到那些仙人掌是如此地千姿百态，那样地使人着迷。而仙人掌在如此恶劣的环境之下，仍旧能够茁壮地成长，这种生生不息的精神让她为之动容。她也开始欣赏沙漠的日出日落，感受沙漠的海市蜃楼，享受着新生活给她带来的一切。令人惊讶的是，她慢慢地寻找到了星星，真的感受到了星空的灿烂。她发现自己生活中的一切都改变了，变得使她每一天都仿佛沐浴在春光之中，每天都仿佛置身于欢笑之中。后来，她回到美国，根据自己的心理演变历程，写了一本书，叫作《快乐的城堡》，引起了极大的轰动。

其实，格丽雅周围的环境没有改变：沙漠、铁皮房、仙人掌、印第安人、墨西哥人等，都是原来的样子，但前后的行为和心情却发生了不同的改变。很明显，是她的心态改变了：过去她习惯性地选择看泥土，选择事物消极的一面。而后来她则习惯性地找星星，选择事物积极的一面。

由此可见，愉悦的根基在自己身上，心态一变人生就变，就那么一点小小的变化，带来的结果却大相径庭：一个痛苦，一个快乐；一个失败，一个成功。

如果对当下的环境不满意，想力求改变，首先你一定要学会改变你自己的心态。假如你有积极的心态，那么，你四周所有的问题便都能够迎刃而解。积极的心态是心智的健康营养，它能让一个人充满自信、受人喜欢、知足常乐、备感幸福，更为重要的是，它还能够让人改变自我、改变世界。

· 幸福箴言

没有不快乐的生活，只有不肯快乐的心。生活充满了变数，女人要学会用阳光般的心态面对生活。遇到困难的时候，相信"方法总比困难多"；面对不顺心的事，多反思自己的做事方法和做人原则，少一些悲观和绝望；遇到变故的时候，化悲痛为力量，感受自然规律不可违、顺其自然才是福的真谛。

51. 别再为小事抓狂：小事永远只是小事

幸福女人慧语：

☆ 人心只一拳，别把它想得太大。盛下了是非小事，就盛不下正事和大事。

☆ 很多人每天忙忙碌碌，一事无成，那就是对细枝末节的琐碎关注得太多。米可果腹，沙可盖楼，但二者掺到一起，却是最廉价的杂米。做人纯粹点，做事才能痛快点。

☆ 身为女人，切勿一头扎进是非小事里出不来，太计较是非小事，心必会变混浊，这就会在一定程度上阻碍你成就大事。

　　张棋是个有梦想且有抱负的女人，工作能力强，也富有责任心，很想在业界做出一番成就来。但是她却是个爱计较小事的人，经常会因为生活中的一些小事情而心情郁闷。最近一周，她感觉"诸事不顺"：周一下午，她丈夫把家门的钥匙弄丢了，然后找她解决；周二早晨，她5岁的儿子在学校与其他小孩发生了争吵，还向对方动了手，她被老师叫到学校处理这事；周三因为晚上休息晚，上班迟到受到领导的批评，心情一天都很低落；周四的时候，因为与同事发生了一点小误会而造成工作开展极不顺利……这些虽然是小事，都是极让张棋心烦的，她觉得自己真是太倒霉了。这些小事经常影响着她的心情，脑子中经常紧绷着一根弦。她每天都处于极为紧张的状态中，但还是不时会出乱子，觉得自己都无法支撑下去了。几年过去了，尽管她很有能力，但经常因为精神不佳而使工作受影响……

　　生活中，很多女人都有着像张棋一样的体验，因为经常被小事牵着鼻子走，而干扰了自己本该做的大事。对此，卡耐基说，法律不去管那些小事情，人也不应该为小事情而烦恼不断，这样会破坏掉你的心情，把你搞得焦头烂额。其实我们仔细想一想就会明白，这些小事情根本算不了什么，它不值得你为它烦恼。我们该把更多的精力放在大事上去。正如美国作家安德烈所说，我们的生命非常地短暂，在这个世界上只有几十年的时间，但我们却将大好的时间花费在这些无足轻重的小事上面，并且为它而烦恼，而受折磨，这是不值得的。让我们只去做那些值得做的事情吧，不要再想那些小事了。

无论在何时，女人为小事烦恼和忧虑都是不值的。也许有很多女人会说："这个道理我都明白，每当小事的烦恼向我袭来时，我也会不停地告诉自己：别再管它了，它不值得你耗费精力，但结果我根本控制不了自己，还是天天为它而忧愁、郁郁寡欢。我该怎么办呢？"

其实，要改变这个习惯也并非是件难事，你只需要把你的看法与精力转移一下就可以了。那样，你就转移了自己的视线，从而获得一个新的、能够让你开心的看法。

詹姆斯今年已经 101 岁了，但他却始终保持着年轻人的冲劲与活力。一天晚上与朋友一起到公园散步时，听到公园中的音乐，他便兴致盎然地跟着哼起了小调。

一会儿，他抬头看着远处，便对朋友说道："到处是高楼大厦，我觉得这个城市最伟大的地方便是它随时都在改变，都在不断地进步，这每天都能带给我惊喜，也让我的生命每天都满怀希望地活着。"

朋友就又问道："你对现在年轻人是如何看待的呢？"他说道："我感谢上帝，使这个世界有了年轻人！他们不断地创造，每天都在为这个世界创造新的惊喜！"

很难想象，一个 101 岁的老人却总是满怀欣喜地憧憬着明天新的希望！那一天，他与朋友逛了许久。夜已经深了，朋友向他抱歉说这么晚了，还让他在外面待着。他说："没关系的，我经常半夜中才去睡觉。但是，明天我会找时间休息的。在很久很久之前，我就发现，无论如何也不能让小事烦到自己。如果有让人烦躁的小事，第二天，我照样会早起：轻松自在地吃早餐，再看报纸，找时间再上床睡一大觉。"

詹姆斯将他生命的每一天都当做成他生命诞生的第一天，每天都让自己心中充满希望，尽管这一天也可能有诸多的麻烦的事情等着他；他将每一天都当作生命的最后一天去珍惜。以这样的态度去面对生活，其性格就会变得极为乐观、坚强，并充满希望。那么，那些所谓的因为小事而产生的不良的情绪就再也不会扰乱你的内心了！

这给女人以这样的启示：如果你能将每天都当作生命的最后一天来活，那些鸡毛蒜皮的小事自然就会消失，重要而美好的事物就会自动浮现。同时，在你情绪失控的时候，你也可以停顿一下，问问自己：一年后，我还会那么在乎这件事情吗？你会发现，眼前这些"天大的事"，其实都是生命中细小的微尘，完全不值得你为此毁掉一整天的好心情。

女人要知道，我们的生命只有短短的几十年时间，如果你整天都沉浸在由小事带来的烦恼中不能自拔，那么，如何去完成人生的大事呢？去做那些你认为该做、值得做的事情吧，去享受自己美好、快乐的人生吧！

> · **幸福箴言**
>
> 作家肖剑说："很多时候，让我们疲惫的并非是脚下的高山与漫长的旅途，而是自己鞋里的一粒微小的沙砾。"有时候，消磨我们意志的，并不是高山与大川，而是生活中的细小沙砾，它们足可以耗尽你的精力，消磨你的意志，把你完整的人生给"揉碎"，使你无法达到胜利的顶端。所以，真正内心强大的智慧女人，最懂得调整自己的心态，并能发现生活中的快乐和幸福，并以乐观的情绪去处理好生活中的大事情。

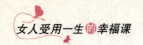

52. 保管好快乐的钥匙，别把它交给别人

◆ **幸福女人慧语：**

☆ 林清玄说："快乐只能依靠自己，不能仰仗他人，如果一个人总把希望寄托在他人身上，那他一定不会快乐很久。"

☆ 人生会面对不同的选择，不管你的选择是什么，请别忘记：路是自己走出来的，快乐是自己创造出来的。

☆ 每个人都会遇上令人沮丧的事，因为我们总是太在意别人的言论，不敢做自己喜欢的事情，追求自己想爱的人，害怕淹没在飞短流长之中。其实没有人真的在乎你在想什么，不要过高估量自己在他人心目中的地位。被别人议论甚至误解都不是什么大事，谁人不被别人说，谁人背后不说人，你若生活在别人的眼神里，就一定会迷失在自己的心路上。

哈伦是一家著名杂志社的心理学顾问。有一次，他与朋友一起在一个报摊上买报纸。那位朋友说了声谢谢，但是卖报纸的商贩却冷着脸，没发一言。

"这个家伙的态度真是太差了，不是吗？"他们继续前行时，哈伦这样抱怨道。

"他总是这样招待客人的！"朋友这样回答。

"那你为何还要对他如此客气呢？"哈伦吃惊地问道。

朋友听到这话，就立即笑了，回答道："我为什么要让他决定我的行为呢？"

其实，每个人的心中都有一把快乐的钥匙，只是我们经常会在不自觉之中将它交到别人的手中去掌管。

　　生活中，一些女人会抱怨："我经常不快乐，是因为我的先生经常不回家！"她其实是把快乐的钥匙交到了先生的手中。一位妈妈说："我的孩子太不听话了，真让人生气！"她把快乐的钥匙交到了孩子手中。一位职场女士说："老板经常冷言冷语，同事也总是很冷漠，活得太压抑了。"她是把快乐的钥匙交到了老板和同事的手中。小姑娘从商店里出来，气愤地说："那老板态度恶劣，真是把我气炸了。"……生活中，多数的女人似乎都会犯这样类似的错误，就是轻易让别人来控制自己的心情。要知道，当你允许他人掌控你的情绪时，你便注定会成为受害者，抱怨和无休止的埋怨成为你唯一的选择。于是，你会不断地怪罪他人，并且还要向另外一个人传达一个信息："我这样异常痛苦，都是你造成的，你要为我的痛苦负责！"让痛苦和烦闷迅速蔓延，让你无法自拔。这个时候，你可千万别忘了提醒自己：决定我们内心快乐与否的是我们自己，快乐的钥匙只在你自己的手中。

　　刘燕是个能干的女孩，毕业后在一家外企上班。半年后，因为表现突出，被擢升为部门的管理人员。

　　刘燕人很和善，平时与同事的关系都处得很好，但自从升了职后，就遭到了好友的冷落。为了尽可能与大家打成一片，她尽可能主动与下属交心。因为刘燕的诚心，很多同事都与她关系好了起来。

　　然而，单纯的刘燕却意外地被表面的一团和气所"出卖"。有一次，她无意中听到同事们在私下里议论她与顶头上司的私事，而且口气还十分恶毒，这让刘燕十分难受。随即刘燕便又平静下来，觉得自己没必要为这样的小人而毁了自己的好心情。

　　随后，公司中谣言四起，给她造成了极不好的影响。为此，她很快被降了职。对于此，她一时也有些气愤，因为依靠自己努力挣来的一切就这样被"小人"给毁了。然而，刘燕自己也知道，如果与这样的人计较，只会枉费自己的精力，还会浪费自己的时间。

　　接下来的一段时间，刘燕表现得还和之前一样，每天快乐地上班，

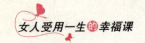
与同事友好地打成一片，好像事情没发生过一样。一个月后的一天，刘燕无意接到一个电话，有人告诉她出卖她的同事是谁时，刘燕则表现得极为镇定，对朋友说道："你不必再告诉我了，我已经把这件事情忘记了！"朋友诧异万分，仔细询问她原因，她说："即便知道了真相，也不能够挽回现实，与小人较劲儿，不如努力做好自己的本职工作，这才是最有意义的！"

果不其然，几个月以后，因为刘燕工作上的表现很是突出，就再次升了职。

一个真正成熟的女人，无论在何时何地都能握住自己快乐的钥匙，她不期待别人能使她快乐，同时，也不会让他人的行为来毁掉自己的快乐，反而能将自己的快乐与幸福带给周围的人。

> **• 幸福箴言**
>
> 心放大点，天大的事也就变小。除过生命，一切都是小事，永远不要拿别人的错误去惩罚自己。握紧你心中的快乐的钥匙吧，唯有善待内心的人，才能更好地善待自己！事能常足，心常惬；心胸宽广，亦自得！

53. 回归简约：追求简单生活的女人最有福

● 幸福女人慧语：

☆ 生活只有平淡，才是最舒心的享受；人也只有平静，才能过上踏实的生活。

☆ 生活有时并非那么复杂，只是因为我们想多了、想深了，人为地给自己编织了一道道网，然后在里面奋力地挣扎；爱情有时并非那么美好，可是我们喜欢沉湎于它的浪漫，于是给它披上了绚丽的外衣，其实就算走到天荒地老，也离不开平淡稀松的日子。走过才知道，有些事简单点，你才能轻松点，走远点。

一个年轻人觉得生活很沉重，便问智者："生活为何如此沉重？"

智者听罢，就随即给他一个篓子，让他背在肩上并指着前面一条沙砾路说："你每走一步就捡一块石头将之放进去，最后体会有什么感觉。"

年轻人就背上篓子，一路不停地捡拾，走到路头，他就回过头来对智者说："越来越沉重了！"

智者说："这也就是你为什么感觉生活越来越沉重的原因。每个人来到这个世界上时，都会背着一个空篓子，然而我们每走一步都要从这世界上捡一样东西放进去，所以才有了越来越累的感觉。"

生活原本是轻松的，我们并不缺少真正的热情与精力去承受生活，而是我们的生活太过复杂。我们的周围到处充斥着金钱、功名、利益的角逐，处处都充斥着许多新奇和时髦的事物……一个女人如果被这样的复杂生活所"绑架"，能感到轻松和自在吗？

作家刘心武说："在色彩斑斓的现代生活中，我们一定要记住一个真理，那就是在简单的生活中感受平淡，才能真正获得心灵的快乐。"因为简约、简单，人心自然就少了诸多的牵挂和负累，多了一些轻松和自在。

在一座风景秀丽的深山之中，住着一对夫妻，家中的摆设很是简单，对他们来说，最有用的东西就是一把弓箭了。妻子每天清闲在家，丈夫则每天都到深山之中去打猎，将猎物拿到山下的集市上去卖。他们日子过得虽然清贫，但是却充满了快乐和幸福。

丈夫每天从集市上回家，都会给妻子买些小礼物，妻子每天都在平淡的惊喜之中感受着属于自己的小幸福。

他们每天吃过晚饭之后，都会坐在家门前的树桩上一起看星星，拉家常，平常之中有一种和谐的美。然而，这种和谐在不久之后，却被一件事打破了。

　　这一天，丈夫又外出打猎，他遇到了一只会说话的梅花鹿。梅花鹿为了活命，就答应帮他实现五个愿意。丈夫感到极为困惑，就把此事告诉了妻子，妻子听后十分高兴。

　　妻子在自己疯涨的欲望中彻底沉沦了，她开始苦苦思索，想了许久都没想出来自己想要什么。后来，她就将自己孤立起来，开始不停地想自己究竟想要什么。越想越上瘾，她想完了豪宅，又想金屋，想完了金屋又想当女王，想完了女王就又想着要去做树林中那些动物的掌管者，最终因为太过疲惫而死去了。最为遗憾的是，在临终之前，她也没想出自己究竟想要的是什么！

　　在平淡、简单的生活中，妻子能享受到最真切的幸福和快乐。当生活变得复杂了起来，却被欲望带到了死神面前。由此可见，生活的精彩就存在于平淡和简单之中。

　　当然了，女人过简约、简单的生活，就是要去繁就简，除去生活中不必要的麻烦和烦琐，只过自己想过的生活，做自己想做或者必须做的事情。对此，你首先要弄明白什么才是自己真正想要的。你可以在你手边备一张便条纸，一支笔，将自己想要的东西、想完成的事情都一一地罗列出来。当达成其中的某一目标时，就能产生一种强烈的成就感与满足感；如果条件限制，暂时做不到，那么只要将它继续留在清单上好了。过一段时间，我们可能就会惊奇地发现有的愿望居然自己实现了；或者那些我们实现不了的愿望，也就没必要急于去实现它了。

　　其次，要想过一种简单的生活，就要做到心存简单，不要让心灵背着太多的欲望包袱，不要与其他人进行攀比，不要终日惶惶不安地迷失在自己制造的种种需求中，在物欲的罗网里苦苦挣扎；内心简单了，欲望和追求自然也就少了。

　　同时，要过简单的生活，更重要的是要安于淡泊并且远离各种名利和物欲的困扰。不要让内心太多的虚荣不停地将自己抽击成奔波忙碌的陀螺，不要让太多的名利思想去遮住心头的灿烂阳光。

· **幸福箴言**

　　要知道，生活中，越是平淡和简单的东西越是人们所不能缺少的，我们不能因为其平淡无奇就觉得其可有可无，认为它一文不值。空气、阳光、水源、食物……这些东西都是极为平常无奇、淡而无味的，但却是我们一刻也不能缺少的。相反地，别墅、汽车、金钱、珠宝……这些看似光彩夺目、诱惑人心的东西，却并非每一个人都适宜的，还有可能会给你带来烦恼。所以，从现在开始，在平淡和简单的生活中，静享你的幸福和快乐吧！这是生活的真谛，也是人生的真谛！

54. 装扮美丽：爱美的女人能用自信撑起幸福

幸福女人慧语：

☆ 女人的丑陋，是内心长出的戾气。当一个人拥有了优雅华丽的内心，不论五官如何，都会美得迷人。真正的美丽，是一种由内而外散发的气场！

☆ 如果说寻找幸福是一段旅程，那么美丽就是女人在旅程中最重要的交通工具之一，它可以帮助女人更快、更准确地抵达幸福终点。而美丽于女人而已，并不只是外表那么简单，还包括智慧和学识。美丽应该是由内散发出来的，这样才不会显得肤浅。

　　女人的幸福生活是需要"美丽"做支撑的，因为装扮美丽的女人更能获得自信，并能用自信获得心灵的丰盈和生活的丰富，更有能力让自己获得幸福。很多时候，女人装扮美丽，不是为了取悦男人，也不是虚荣，而是其热爱生活与维护自尊的表现。香奈尔说，女人保持美丽提升智慧并不单纯是为了留住老公，而是，即便是某天不得不转身，还可以有做选择的资本。

　　女人打扮自己，已经不单单是一种行为，更是一种自我调节心境的好方法，也是减压的好途径。因此，精致女人的第一要点是，让自己拥有忙里偷闲的生活方式。但要注意：精致的打扮要点在于精致中不露痕迹。装饰一定要恰到好处、点到为止，千万不可弄得矫揉造作。同时，"美丽"一般不单单指外貌，女人的美丽更主要体现在思想方面。

内在思想丰盈的女人自身分量就会重很多，脚步也会踏得最稳当，在人生路上她会具备抵抗泥泞坎坷的力量，在日积月累的磨砺中愈发强韧。要知道，鲜花再艳，总有凋零的时候。一个女人若单有美貌而缺乏深厚的内涵和丰富的思想，她就如缺失垫片的鸡毛毽子，空有一时的飘舞灵动，却失去长久的紧实的脚跟，唯有零落成泥碾作尘。

日本著名学者池田大作先生曾经说过："女性真正的美更在于内在生命本身的美。单纯外在的美无疑会受到年龄的制约。"周国平也曾说："一个漂亮女人能够引起人的欣赏，却不能使人迷恋。使人迷恋的是那种有灵性的美，那种与一切美的事物发生感应的内在美。"一个女人拥有美丽的外表，注定受人瞩目；若一个女人拥有丰富的内涵，则注定出色。这样的女人最能经得起生活风浪的吹打和磨砺，也更能好好地把握独属于自己的幸福。

幸福总是围绕在美丽女人的身边，可这里的美丽却不是指外表，而是内心。你是否注意到，即使是一对长相平凡的夫妇，也能制造出属于自己的幸福，关键不在长相，而在于对待生活的态度。

· 幸福箴言

懂得装扮美丽的女人，最懂得欣赏自己。自我欣赏绝对不是自恋，它是由理智、客观地对自我的认识所引发出来的自信的态度。而这种自信会使女人在为人处世上从容、大度，不陷入世俗的旋涡中。得体的打扮、优雅的举止、丰富的见识，这些无一不透露出女人高贵的气质和个人魅力。

55. 给乏味的生活加点新鲜的"养料"

♦ **幸福女人慧语：**

☆ 身为女人，不仅懂得一些生活的艺术，亦懂得用自己的情趣艺术地创造生活，这样可以为自己的生活增添情趣，可以让自己时时充满惊喜，让每一天都绚烂多姿，鲜活如初。

☆ 卡耐基说："乏味的生活，很难让人体会到幸福和快乐。所以，不管你的职业是什么，不管你的身份是什么，如果你想过得幸福和快乐，就必须懂得丰富自己的生活。"

☆ 女人要有让自己幸福的能力。热爱生活，照顾好家庭，不冷落自己，这才是女人真正的幸福。一个家庭幸不幸福，80%以上取决于女主人。有能力让自己幸福，有能力给家人幸福，才是聪明的好女人。

刘莞是一家文化公司的打字员，她经常忧虑地向周围的人抱怨和诉苦："我的生活真是太枯燥了，简直没有一点乐趣。我每天在单位不断地重复那些无聊又琐碎的事情，而且回到家里也找不到生活的乐趣。这种单调乏味的生活我真是受够了。"朋友就问她说："你是如何安排你的闲暇时间呢？"

刘莞就说道，自己没有什么兴趣爱好，每天上班回到家就是吃完饭，唯一能做的事情就是看电视。但是有时候她不能找到自己喜欢的电视节目，在这样的情况下，她变得极为苦恼，甚至有些手足无措，不知道该干些什么。尤其是近来，她觉得自己都快崩溃了，甚至不知道自己生活的意义是什么。

其实，在生活中，很多女人都有着如刘莞一样的感受：因为在平淡枯燥的日子中待久了，她们会生出诸多的焦虑和忧愁，难以感受到任何快乐和幸福。在这样的情况下，女人必须要懂得去丰富自己的生活，适当地为乏味的生活加点新鲜的"养料"。那么，具体该如何去做呢？那就是培养自己的一点爱好兴趣，让自己找到一个精神和生活的寄托，从而让自己真正地快乐起来。

有一位70多岁的老太太，她的丈夫在10年前就离她而去了。因为孩子都住在另外的城市，她只能一个人生活。但是老太太可不是一位枯燥无趣的人，她一个人在家的时候，通常都会把全部的生活放在她家庭院前的花花草草上。在自己的家的前面，她独自开辟了一个小小的花园，在里面种植了各种各样的花朵：玫瑰、月季、向日葵等。经过老太太的精心培育，她那个小花园已经开出了许多漂亮的花朵。每次经过那个花园，大家都会停下来观赏一番，并且还和老太太闲聊几句。这让她非常自豪，内心的孤独感减少了不少。

这段时间，这位老太太又迷上了缝制衣服，她买来一本裁剪的书，把家里的旧衣物改装成各式各样好看的时装，还让邻居的女人们来试穿，获得了众人的赞誉。她裁剪的许多衣服，都已经被当地的女人们当作时尚的标志，并竞相到家里来购买。有的还拿着各种各样的布料，让老太太为自己量身裁制。在众人的鼓励和夸赞下，老太太显然精神好了许多，人也看起来年轻了许多。每当见到熟人，她都笑得合不拢嘴，觉得自己又重新找回了生活的激情。

所以，女人不要在单调乏味的生活中困扰你了，马上做出改变吧。很多女人可能会认为，自己现在没有足够的钱，希望等到自己有了钱之后再去享受。这种想法是极为错误的。要知道，你的生命中只有一个"今天"，错过了今天，你就再也找不回来了，人要懂得学会享受当下的生活，而不该把所有的事情都寄托于明天。而且很多时候，有些事情是根本花不了什么钱的，比如来一次短途的旅行，看一场电影，或者跟朋友到商场逛一下街，约几个故友一起喝茶等。这对多数女人来说，都是极容易实现的事情。所以，从现在开始，开始做你想做而却一直没做的事情，实施你一直想实施的计划，这样一来，你就会发现，你的人生充满了靓丽的色彩。

- **幸福箴言**

  只有懂得生活的艺术，并善于用艺术来装点生活的女人，才能将苦当成生命的另一种精彩体验。同时，亦能够坚持创造天赋和用坚毅乐观的态度，认真地对待生活，并以此感染周围的人。

  女人要改变单调且乏味的生活，除了要培养和发展自己的兴趣爱好外，还要懂得激发自己的潜力和活力，让自己从内在去焕发自己对生活的热情。

56. 懂得惜福，幸福自来

♦ **幸福女人慧语：**

☆人生什么最难？"惜福"最难。大多数人追了再追，没有停下来的一天。要知道，人若是执着于追求，也只是苦了那一颗纯净的本心罢了。

☆ 幸福并不是一种完美和永恒，而是心灵和生活万物的一种感应和共鸣，是一种生命和过程的美丽，是一种内心对生活的感觉和领悟，人要真正获得心灵的幸福，首要的一点就是学会惜福。

被人称为"幸福学大师"的泰勒在哈佛大学开设的积极心理学曾受到万千哈佛学子的追捧。但是，在这位幸福大师的眼中，谁是最幸福的人呢？

其实，在泰勒的眼中，他的祖母是他见过的最幸福的人。

泰勒的祖母沙瑞尔亲眼看到自己的父母和5个哥哥在战争中被人杀害，她和姐姐被关在奥斯维辛集中营中。当奥斯维辛被解放时，随军医生凭借目测判断幸存者的生命体征，有希望活下来的就带走，被送进医院。

那时，沙瑞尔瘦得只剩下27公斤，躺在她旁边的姐姐也只有36公斤。医生判断她的姐姐能够活下来，认定她必死无疑。但是当士兵去抬沙瑞尔的姐姐时，沙瑞尔的姐姐就是不肯走，死死地抓住妹妹的手，不会说英文的她反复地重复一个单词"sister"，任凭士兵怎么掰都掰不开。医生没有办法，只好让士兵把两个女子都带走。

到医院后，医生们预言沙瑞尔绝对活不过半年，但是半年后，沙瑞尔的体重却从27公斤变成了45公斤。

"她的坚强和乐观，对生命的强烈渴望，让她活了下来，并且还生养了子女，这才有了我们。"泰勒崇拜祖母身上顽强的生命活力，当他的女儿出生时，他让她承袭了他祖母的名字。

泰勒在事业达到巅峰时，辞掉了哈佛大学的教职，带着妻子、两个儿子还有一个女儿回到了自己的故乡。他说："做出这个决定时，很多人说，这家伙一定是疯了！或许我真的疯了，但是我觉得回到我的国家，看到我的孩子跟我的父母在一起，在有祖父、祖母的环境下成长，而我自己可以跟我的兄弟姐妹一起生活，对我来说这一切要比世界上所有其他的荣耀都更加珍贵。"

幸福是什么？泰勒的回答很简单："拿出时间，与你珍惜的人好好相处。"

其实，幸福就是如此一件简单和平常的事情。如果你懂得珍惜你所拥有的，能和你的家人在一起团聚并分享彼此间的快乐，便是一种莫大的幸福。

一位英俊、潇洒的男子有一个温柔贤惠的妻子，还有两个可爱的儿子，但是他却过得不快乐，每天都愁眉苦脸的。天使来到人间，看到他很是同情他，便问道："你看起来那么不快乐，我能够帮助你吗？"

男子对天使说："我什么都有，只是欠一件东西，你能够满足我的愿望吗？"

天使回答说："可以，你缺少什么呢？"

男子内心充满希望地看着天使说："我缺少的是快乐！我的儿子太调皮很不听话，天天把我闹得心神不宁；我的妻子尽管温柔，但是她长得丑陋，而且我们没有共同的话题，每天也说不上几句话；我的邻居们天天更是烦人，有事没事都来家里拜访，打扰到了我的生活……我讨厌我周围人的任何举动，所以我感到不快乐！"

这下子可把天使难倒了，天使想了想，说："我明白了。"然后天使就将男子周围所有人的性命都拿走了，只剩他孤零零一个人生活在人间。

一个月后，天使又回到男子的身边。他那时顿觉凄凉，没有了儿子的欢闹，妻子对他的体贴，邻居时常对他的鼓励……他觉得自己活在世界上已经没有任何意义了。正准备要死去的地候，天使又出现了，将他的儿子、妻子和邻居又还给了他。然后，就离去了。

半个月后，天使再去看望男子，这次，男子抱着儿子，搂着妻子，不停地向天使道谢，因为他现在得到真正的快乐了。

其实，我们每个人都是生活在幸福之中的，我们之所以会产生这样或那样的抱怨，是因为我们内心被太多的私利所占有，不懂得惜福，更不懂得去感恩。如果你能敞开心扉，用心去体会周边的世界及周围人对我们的付出，你就会发现，自己原本是如此地幸福。如果没有阳光雨露，就没有明亮温馨的日子；没有水源，就不会有生命；没有春夏秋冬的轮回，我们就体会不到生命的生生不息；没有父母，也就不会有我们；没有亲情与爱情，世界就会充满孤寂和凄凉。这些东西都给予了我们无尽的福祉，我们要时时去用心体会自己所拥有的这一切，如此你就会感受被幸福所拥抱。

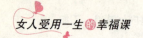

· 幸福箴言

惜福也是心灵的调味品，它能够让我们珍惜自己当下所拥有的一切，让我们少去攀比，不会放纵自己的欲望，学会知足常乐，让心灵时刻保持淡定和从容。懂得惜福的人知道幸福是来之不易的，又是十分短暂的，所以他们会格外珍惜幸福。有福固然很重要，但如果不懂得爱惜，最后只能是竹篮打水一场空。因此，我们要懂得去惜福，这样才能以包容的心态去面对周围的人与事，才能真切地感受到生活中的幸福和快乐，才能活得更加洒脱与轻松。

57. 用微笑将你的痛苦"埋葬"

 幸福女人慧语：

☆ 人生最难跨越的那一关，是自己的那一关。唯一能够阻止自己幸福的，恰恰是自己。

☆ 张小娴说："心怀痛苦和怨恨就像把天空中的阴霾藏到自己心里，伤不到别人，首先闷死了自己。人生的烦恼已经够多了，放下怨恨，学着忘记，绽露微笑，那就是心灵的排毒，那样才有快乐的可能。"

在二战期间，一位名叫伊丽莎白·唐莉的女士，在庆祝盟军在北非获胜的那一天，收到了一封从战争前线发来的电报——她的独生子牺牲在了战场上。

儿子是她唯一的亲人，也是她平生的最爱，那是她的命！她无论如何也接受不了这样的事实，精神极度处于崩溃的边缘。她开始心灰意冷，痛不欲生，决定放弃工作，远离家乡，找一个无人的地方了却残生。

当她在临行前清理行装的时候，忽然发现了一封还未拆启的信件，那是她儿子在刚刚到达前线后写给她的。她激动地拆开信，看到这样的话："请妈妈放心，我永远不会忘记你对我的教导。不论我在哪里，也不论遇到怎样的灾难，我们都要勇敢地面对眼前的生活，像真正的男子汉那样，用微笑去承担一切的不幸与痛苦。我将会永远以你为榜样，心中永远地保留着你的微笑。"

她读完信后，顿时热泪盈眶，就将这封信读了一遍又一遍，似乎发现儿子就在自己的身边，并用那双炽热的眼睛望着她，并关切地问道："亲爱的妈妈，你为何不按照你所教导我的那样去做呢？"

此时，伊丽莎白·唐莉就打消了背井离乡的念头，一再对自己这样说："告别痛苦的手只能由自己来挥动，我应该像儿子所说的那样，用微笑来埋葬痛苦，继续快乐地生活下去！我虽然没有起死回生的能力，但是我却有能力选择继续生活下去！"

后来，伊丽沙白·唐莉就打起精神，开始写作，最终成为一个颇有影响力的作家。

是的，人不能陷在痛苦的泥潭里不能自拔。遇到可能改变的现实，我们要向最好处去努力，才能无悔于以后的生命；遇到不可能改变的现实，不管有多么痛苦不堪，也要勇敢地去面对，用微笑将痛苦埋葬，才能看到希望的阳光。在很多时候，生比死需要更大的勇气与魄力。

英国著名女作家奥斯汀曾说过："微笑是生命的常态。"也就是说，如果你对生活微笑，那么快乐也便成为你生活的永恒格调，你的生命便会充满幸福，你也便会感到生活的无限美好。

生命的艺术在于取悦别人，去领略赏心悦目的风景，生命的意义与目的在于快乐。人类存在的根本目标就是无限地追求快乐和避免痛苦。

张荫的丈夫前几天因意外的车祸去世了，听到这个消息，她顿时被一阵痛苦包围，觉得自己的天塌了，儿子今年才刚刚2岁，她不知道自己往后的日子该如何过才好。

因为事情太过突然，整整一个月她都没能缓过神来，每天静坐在家里不是以泪洗面，就是呆呆地发愣。她知道，悲伤是难免的，可日子还得过下去，就算为了孩子，她也该坚强起来。几个月过去了，张荫的心终于平复下来，依然开始努力地工作，愉快地与人相处。朋友说："你真是个坚强的女人！"她笑着说："人不能永远活在悲痛中，与其悲伤地为逝去的人痛苦，不如乐观地为活着的人微笑。"

人生在世，痛苦、失败和挫折在所难免，不论失意还是挫折，女人都应该选择微笑。用微笑去面对失败，在失败中总结经验教训，就会变得坚强；用微笑去面对痛苦，烦恼就会烟消云散。不管一切如何，请记得带着微笑上路！

· 幸福箴言

微笑不仅能给生命带来春天般美丽的气息，更能融化冰雪般的人生悲伤。

世界上最美丽的语言是微笑，最动人的表情也是微笑。尽管它只是一瞬间，但它给人的记忆和魔力却是永恒的。微笑能够驱走满天的乌云，让阳光普照大地；它能够赶走心灵的阴霾，让心情变得明朗清透。

58. 没有过不去的坎儿，只有想不开的人

❀ 幸福女人慧语：

☆ 这个世界上没有过不去的事，只有想不开的人，能将自己从不快乐的泥潭中拯救出来的只有自己。

☆ 哭的时候没人哄，于是我们学会了坚强；怕的时候没人陪，于是我们学会了勇敢；烦的时候没人倾诉，于是我们学会了承受；累的时候没人关心，于是我们学会了自立。生命的承受能力其实远远超乎我们的想象，人只有在遭受一次重创之后，才能重新认清自己的坚强和韧性。人生没有过不去的坎儿，也没有走不通的路，只有想不开的人和不肯快乐的心。

《辣妈正传》中的一个桥段，令人回味无穷：上司李木子听夏冰难过地说自己要离婚，她这样劝解道："人生四大事，生、老、病、死，其中没有离婚这一项。当然我听到这个消息挺震惊的，但你真的没有足够的理由给你休假或减压。在这种情况下，你只有更努力地工作，因为没有任何人再能给你和你女儿的未来做保证。"其实，这个世界上，除了死，其余的都是微不足道的小事。

生活中，多数女人在遭遇人生的重大灾难之后，都会伤心、难过，甚至对人生产生绝望。其实，无论你遭遇什么，一定都要永远地记住：人生没有过不去的坎儿，只有想不通的人。只要你的心态是阳光的，便能够渡过所有的艰难困苦。

绍云出生于一个贫穷的小山村，19 岁便与同村的人结了婚。在 25 岁的时候，正好赶上日本侵略中国。当时的日本在他们家乡进行大扫荡，她就经常带着两个女儿和一个儿子过着东躲西藏的日子。村中的很多人都忍受不了这种暗无天日的折磨，就想到了自尽，而她总是对他们说道："不要绝望，人生没有过不去的坎儿，日本不会永远都这么猖狂的。"

后来，她终于熬到了日寇投降的那一天，但是，不幸又一次找上了门。在那艰苦的抗战岁月中，他的儿子因为极度缺乏营养，又缺乏医药，因为生病夭折了。为此，丈夫躺在床上不吃不喝，而她却流着眼泪说："再苦的日子也要过，儿子没了，咱以后再生一个，人生没有过不去的坎儿！"

几年后，他们果然又生了一个儿子，但是就在儿子半岁的时候，丈夫却因为患水肿病离开了人世。在这样的打击之下，她根本没回过神来。但是她最终还是挺过来了，她将三个未成年的孩子揽到自己怀里，说道："爹走了，娘还在呢，只要有娘在，你们就别怕，人生没有过不去的坎儿。"

　　于是，她一个人含辛茹苦地把三个孩子拉扯大了，生活也渐渐地好转起来。在当时，两个女儿也嫁了人，儿子也成了家。她逢人就兴奋地说："看吧，人生根本没有过不去的坎儿，走过去了，一切都变好了。"她年纪大了，不能下地干活，每天就在家里缝缝补补，做做衣服。

　　但是，上苍似乎一点也不眷顾这位一生都坎坷的妇女。她在照顾孙子的时候，不小心摔断了腿，因为年纪太大做手术太过危险，就一直没有做手术，她每天只能躺在病床上面。儿女们都哭了，她却说："哭什么，我还要好好地活着呢，人生没有过不去的坎儿！"

　　即便是下不了床，她也没有怨天尤人，而是静坐在炕头上做针线活。她会织围巾，会绣花，会编织手工艺品，左邻右舍的人都夸赞她手艺好，还跟着她学手艺。

　　她活到了90岁，在临终时，就对儿女们说："你们要好好过，人生没有过不去的坎儿。"

　　每个人都是在遭遇一次次的重创之后，才猛然发现自己是如此地坚强、坚毅。为此，我们说，人生无论遇到什么样的磨难，都不要一味地抱怨，抱怨上苍的不公，甚至从此一蹶不振。

　　无论你遇到什么，作为女人的你一定要记住：人生没有过不去的坎儿，只有过不去的人，一切的苦难，都会成为永久的过往。

• 幸福箴言

　　人生没有永远的伤痛，再深的痛，随着时间的流逝，伤口都会愈合。

　　人生没有永远的磨难，你不要坐在它的旁边等它消失，任它折磨，而是想办法去穿越它。

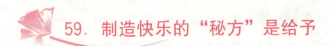

59. 制造快乐的"秘方"是给予

🌢 **幸福女人慧语：**

☆ 生活中一个重要的原则，就是给予比接受更为幸福。忽略了他人的给予，也就是忽略他人得到幸福的权利。

☆ 给予是一个人丰盈内在的流溢，能给人带去莫大的满足感，让人心灵获得快乐的秘方。

☆ 尼采说过这样一句话："当我帮助受苦者的时候，我就是洗净了我的双手；同时也是揩净了我的灵魂。"就是说，给予不仅可以给你带去阳光和快乐，也能让自己获得平静、幸福和快乐。

有一位小女孩在走过一片草地的时候，看到一只美丽的蝴蝶被草丛中的荆棘刺伤了。这位善良的小女孩就小心翼翼地帮助这只蝴蝶拔掉了身上的刺，并将它放飞回大自然中。到后来，这只蝴蝶就化为了一个仙女来人间报恩，对小女孩说道："因为你很仁慈，所以，你可以许个愿，我会让它变成现实的。"

小女孩眨着眼睛，想了想，说道："我希望自己可以永久地得到快乐。"于是，仙女就弯下腰去，在她耳边悄悄地细语一番，然后就飘然而去。

果然，从此之后，这位小女孩就获得了莫大的快乐，一直到她老了。后来，很多人都问她，并且哀求她："请告诉我们，仙女到底给你说了什么方法，让你快乐地度过了一生呢？"

当年的小女孩已经变成了一位老太太，她听罢，笑了笑说道："仙

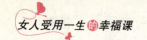
女告诉我，施与他人、关怀他人就能够得到快乐。"

小女孩在无私地奉献自己，无私地给予，所以才快乐地度过了一生。

可见，给予比接纳更容易使人获得快乐和幸福。生活中，如果有人感谢你，你也会感谢那个人，因为他接受了你的关爱和帮助，接受了你的礼物，帮助你实现你的愿望，他允许你把爱的礼物撒落在他的身上。这就是给予比接受更快乐的真谛。给予犹如黑暗中的一盏明灯，给人带去光明；也像是冬日里的一把火，给人带去温暖；更像是沙漠中的一股甘泉，给人带去希望。很多时候，给予的确可以让人生出许多快乐来，因为你给予了别人，自己也会收获良多。

一位衣衫褴褛的乞丐挨家挨户地乞讨，他很是可怜，因为右手连同整只手臂都断掉了，只有空空的袖子晃荡着，让人看了很是难受。他敲开一位老婆婆家的门，这位老婆婆指着门前的一堆砖对乞丐说道："你帮我把这堆砖搬到屋后去吧。"

乞丐生气了，说道："我有一只手臂，怎么搬砖呢？不愿意给就算了，何必这样来刁难我呢？"然而老婆婆并不生气，俯下身子搬起砖来。还故意用一只手搬，搬了一趟之后，就说："你看，一只手也同样能干活。我能干，你也能干！"

乞丐顿时愣住了，用异样的目光看着老婆婆，尖突的喉结就像一枚橄榄一样上下动了两下子，最终还是俯下身子，用他的左手搬起一块砖，一次也只能搬两块。就这样，他用了整整两个小时的时间把一堆砖给搬完了。最终他累得气喘吁吁，脸上满是灰尘，乱发被汗水浸透了，贴在脸上。

老婆婆递给乞丐一条雪白的毛巾。乞丐接过去，把脸擦了一遍，白毛巾一下变成了黑毛巾。老婆婆又递给乞丐 20 元钱，而乞丐接过钱，说了一声："谢谢。"老婆婆说道："你不用谢我，这钱是凭你自己力气挣的。"乞丐激动地说："我不会忘记你的。"于是深深地鞠了一躬，就上路了。

很多天以后，又有一位乞丐来到老婆婆的家门前。老婆婆就让乞丐把屋后面的砖又搬到屋前，照样给了对方20元钱。见状，邻居问道："上次让乞丐将砖搬到屋后，这次又让这个乞丐放在屋前，这是什么意思呢？"老婆婆说道："其实砖头放在屋前和屋后都一样，但是对于乞丐来说，搬和不搬是不同的。"

从此之后，又有几个乞丐来过，老婆婆就这样让他们将砖头搬来搬去的。

几年以后，有一个很体面的老板来到老婆婆家的门前。这位老板就是当初那只断臂乞丐，这位老板用一只手握住老婆婆的手，俯下身说道："如果没有你，我现在还是一个乞丐。因为当年你教我一只手同样也能搬砖，我才成为这家公司的董事长。"

老婆婆说："那是你干出来的。"独臂董事长要把她接到城中去住，做个城里人，过上好日子。而老婆婆却说："我们不能接受你的照顾。"

"为什么？"独臂董事长很是不解。

"因为我们一家人都有两只手。"

董事长坚持说："那边有房子，我一切都安排好了。"

而老婆婆微微一笑说道："那你就把房子送给连一只手也没有的人吧！"

给予就是在人间撒播爱的种子，是栽培鲜花的行为，当花开之后，将会香遍天涯。故事中老婆婆的给予是高贵的，它不是纯粹的给予，而是变相地教人学会奋发，给人希望和鼓励，让对方奋起去开辟自己的财富家园，让其人生充满力量。

· 幸福箴言

种瓜得瓜，种豆得豆。你的"善行"终会得到"善报"，我们在"播种"善果的同时，也种下了自己的未来，你所做的一切都会在将来的某一天、某一时间、某个地点、以某种方式，在你需要的时候回报给你。

控制情绪不生气：用一颗强大的心，
换一张永不垂老的脸

在生活中，总是存在这样或那样的诸多不如意的事。无论是婚姻、爱情还是工作，总有许许多多、大大小小的事情，会让我们生气、烦恼，毁了我们的幸福。为此，遇到这些事情，如何去运用自身的智慧去解决，如何采用最恰当的方法调控自我的情绪，是每个女人都该掌握的一门课程。

歌德说："懂得掌控自我情绪的人，才能更好地驾驭自己的命运。"一个内心强大的女人，是能够随时随地驾驭好自我情绪的，她们对生活能时刻保持积极乐观的态度，会时时抛开一切小事，忘掉一切烦恼，为自己的天空点缀绚丽的色彩，也会让自己的人生更加精彩。

60. 女人，请别让情绪左右你

♦ 幸福女人慧语：

☆ 美国密歇根大学心理学家南迪·内森所说："你不能控制情绪，失败和痛苦就会控制你。"

☆ 一个不会生气的女人是庸人，一个只会生气的女人是蠢人，一个能够控制自己情绪、做到尽量不生气的女人是智者。聪明女人的聪明之处，是善于运用理智，将情绪引入正确的表现渠道，使自己按理智的原则控制情绪，用理智驾驭情感。

1965 年 9 月 7 日，世界台球冠军争夺赛在纽约进行。比赛开始后，参赛选手路易斯十分得意，因为他远远领先于其他的对手，只要再等几分钟便可以登上冠军的宝座。然而正当他全力以赴就要拿下比赛时，发生了意料不到的事情：一只苍蝇落在了台球上。这时，路易斯没有在意，一挥手赶走苍蝇，俯下身准备击球。可当他的目光落在主球上时，却发现这只可恶的苍蝇又落在了主球上面。在观众的笑声中，路易斯又去赶苍蝇，情绪也受到很大的影响。

然而，这只苍蝇好像故意和他作对，他一回到台盘，它也跟着飞了回来，惹得在场观众放声大笑。这个时候，路易斯的情绪已经恶劣到了极点，终于失去了冷静和理智，愤怒地用球杆去击打苍蝇，一不小心球杆就碰到台球，被裁判定为击球，从而失去了一轮机会。本以为败局已定的竞争对手约翰见状信心大增，最终赶上并超过了路易斯，夺得了本届台球赛的冠军。为此，路易斯沮丧极了，他的心情已经恶劣到了极点。第二天早上，有人在河里发现了他的尸体，他投河自尽了。

对此，人们都感慨道：赛场上勇兵强将都打不垮的路易斯，却偏偏被一只苍蝇打败了，其实，打败他的不是苍蝇，而恰恰是他自己。

女人的心思较为细腻，过于注重得与失，极容易情绪化，也极易受外界事物的影响。殊不知，情绪就好比一枚炸弹，随时都可能将你炸得粉身碎骨。拥有良好自控能力的女人，会不以物喜，不以己悲。如果遇到喜事的时候就喜极而泣，遇到悲伤的事情就一蹶不振，那么你的人生就被情绪左右了。

人的情绪有很多种：快乐、自信、乐观、悲伤、痛苦、绝望、忌妒、仇恨等，它们可以为你的生活带去幸福和精彩，也可以为你带来惨痛的教训。当然，每个人都会受到情绪的左右，不时地会被坏情绪所笼罩，这个时候，女人一定要学会调节自己，否则，不仅会让你失掉优雅，也会影响女人的健康。

与其他女人一样，吴菲的生活也充满了喜怒哀乐，可是，每次遇到不开心的事，她都会主动与别人沟通，释放心理压力。与此同时，她在平时非常注意控制自己的情绪。只要有不顺心的事情，她一定会找个倾诉者，这样不仅说出了心事，还能够得到朋友的安慰和建议，让自己豁然开朗。

在工作中，吴菲也很善于调节情绪。她是一家大型外贸公司的业务员，遇到刁钻刻薄的客户是常事。但是，吴菲却总是能有办法让客户满意。当问及她的秘诀时，她说，无论在何情况下，都要控制好自己的情绪，不被急躁、忧虑、紧张的情绪所左右，换位思考，积极沟通，消除对方内心的不快和矛盾，什么问题便都能解决。

吴菲的生活准则是"做自己情绪的主人"，这也是她家庭和谐、工作顺利的秘密。如今，她已经成为周围朋友心中的楷模，老公眼中的模范老婆。

生活中，如果你懂得去控制自己的情绪，那么，你也会像吴菲一样，成为一个人人喜爱、生活幸福的女人。心理学家指出，情绪是我们内心世界的"窗口"，可以最直观地表现出我们的内心情感，影响到我们的学习、人际关系、工作以及生活。情绪有周期性循环，所以人总有情绪低落的时候，或是为一件事痛苦，或是为一个人悲伤，或是为自己的失败而难过。总之，"人非草木，孰能无情"，这些情绪都是我们无法避免的。因此，无论是喜悦的、忧伤的、苦涩的感受，我们都要学会勇于接受。生活本来就是多滋多味的，我们无法改变环境和事物发展的规律，那就学会改变自己，调节自己。

学会调节情绪，不仅可以避免一些糟糕的状况出现使我们雪上加霜，更可以完善我们的性格，让我们养成良好的行事为人的习惯，还可以保护我们的身心不被疾病所侵蚀。

调节情绪的方法有很多，我们不仅要学会，更要懂得选择最适合自己的一套方法，并学以致用，在关键的时刻，扼住情绪的"咽喉"，做一个淡定优雅的魅力女人。

· 幸福箴言

　　如果你觉得心中无名的怒火正在灼烧自己，那么不妨去做个自己喜欢的运动，待"汗"被风吹干，你的"怒火"换来的将是全身的清凉与痛快。

　　如果你伤心，请别忘了那些遭遇比你惨的人，也不妨看些感人煽情的连续剧或者纪实片，让你的伤心"积累"成泪水，你的情绪也就相应地被释放出来了。

　　如果你觉得自己总是会莫名其妙情绪失常，做出一些非自我的举动，那么请让你的心灵停歇半刻，可以适当地休个假期，让自己随心所欲地做一些自己喜欢做的事情。

 61. 减轻自我痛苦的最佳"良药"

♦ 幸福女人慧语：

☆ 女人从来不会真输，因为女人从来不标榜自己是无敌强者。大哭大笑，让女人多了一条跟痛苦讲和的途径。

☆ 卡耐基说，当你把自己的忧虑憋在心底的时候，你的心情就会变得非常糟糕，并且容易造成精神上的紧张，从而发展成疾病。当你有心事的时候，不妨找到自己信任的人一吐为快。这样，既可以让别人分担你的忧虑，还可以得到一些建议和忠告。

　　阿瑟·普雷斯德是美国波士顿一家心理医疗机构的医师，在临床中，他经常会发现这样一种女性，她们本身肌体或生理上根本没有什么毛病或问题，但是她们却认为自己患了某种病，感到浑身不自在。例如，一个女性总是怀疑自己患上了某种"心脏病"，总是觉得胸闷、喘不上来气；还有一些女性总是觉得自己患上了"胃癌"，并因此而痛苦不堪。阿瑟·普雷斯德认为她们真正的疾病并不是出自生理方面，而源于心理方面。

为此，他专门为这些人进行了心理疏导方面的治疗，教她们如何调节自己的心态。极为神奇的是，很多女人在进行这些心理调节之后，觉得自己浑身轻松，再也没感觉到有什么病症了。其实，阿瑟·普雷斯德医生运用的主要的心理疏导方法是沟通。他告诉那些处于痛苦中的女人，适当地向他人倾诉自己的内心，把心底的话说出来，是减轻痛苦的最佳药剂。

生活中，那些难以感受到幸福和快乐的女人，都有一个特点，就是爱把自己内心封闭起来，尤其是爱压抑自己内在的情绪。心理学家指出，压抑情绪就是指对自己心理上的束缚、抑制。尤其是对悲伤、忧虑、恐惧等消极情绪的极力压制，会导致人们心情沉闷、烦恼不堪、牢骚满腹、暮气沉沉。不仅如此，还对外面的世界表现为生厌、漠不关心、对别人的喜怒哀乐无动于衷，对什么事情都失去兴趣。成天把自己拘泥在自我约束之中，心头似有千斤重的石头压着，快要窒息，长此以往，就会觉得自己的身体出现了某种病变，从而更加痛苦、消沉，形成一个恶性循环。对此，要减缓这种痛苦或烦愁的情绪，女人就要学会宣泄。当然，要宣泄自己痛苦的情绪，除了向人倾诉，还可以尝试运用以下几种方法。

1. 用流泪把内心的"毒素"释放出来

有些心理类的老师会给学生们上这样一堂课：他们在课堂上，播放悲伤的音乐，在旁边"添油加醋"地劝说，再加上对环境的把控和气氛的制造，来诱发学生悲伤的情感，从而大声地哭出来。学生们哭过之后，浑身上下就感到无比地轻松，心情也随之好起来。

其实，哭和笑一样，都是人类的一种本能，是人情绪的直接外在流露，都是我们必须经历的情感体验，都自有它们的奥妙所在。哭泣，无论是身体上还是心灵上，都是一种最好的释放。哭泣是造物者赐予我们的天生本领，我们就要好好利用。

2. 自言自语也是一种极好的"倾诉"方式

生活中，当我们找不到倾诉对象或者实在难以启齿时，自言自语是最好的解决方式，也是属于一种勇敢的"自救"。心理学家认为，"自言自语"是恢复心理平衡的一种有效方式。德国的心理学家也经过研究认为，"自言自语"是消除紧张的有效方法，有利于身心健康，是一种简单易行的自我保健方式。

3. 平时积累一些劝人暖心的名言或者句子

记得把它抄下来，在心情不好或者感到压抑的时候，拿出来看一下。在这些名言警句里，或许可以找到治疗你心情郁闷的药方，让你的心情疏解，让自己彻底快乐和幸福起来。

4. 来趟短暂的旅行，给心灵放个假

在充满压力的生活中，我们时常会感到身心疲惫。短暂的休息也许会让我们疲惫的身体恢复活力，但是精神上的压力却不能有效地释放出来。那么，就不妨来一场长时间的旅行，让自己的心灵彻底得到解脱，只有心灵上的真正美好，才会让我们发自内心地有一份好心情。

上面都是一些常用的减轻内心痛苦和忧愁的方法，生活中，女人完全可以将这些运用到生活中。最后还要提醒你，当你心情感到抑郁沉闷的时候，一定不要将它憋在心里，而是应将它说出来！

> **· 幸福箴言**
>
> 女人还可以尝试一种简单有效的排泄坏情绪的方法，那就是音乐疗法。心理学家指出，音乐具有神奇的力量，从古至今，很多音乐的"高手"，把音乐的神效发挥得淋漓尽致。如宫、商、角、徵、羽，五音调和搭配，就可以让人舒神静性、颐养身心。中医心理学认为，宫、商、角、徵、羽五种民族调式音乐的特性可以调理人的五脏五行，而五脏五行的健康又与情绪的好坏有着密切的联系。由此可以推知，音乐通过调理五脏五行来调节人的悲伤、愤怒、绝望、暴躁等不良情绪。

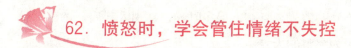

62. 愤怒时，学会管住情绪不失控

🌶 **幸福女人慧语：**

☆ 看别人不顺眼，是自己的修养不够。人在愤怒的那一个瞬间，智商是零，过一分钟后恢复正常。

☆ 人的优雅关键在于控制自己的情绪，用嘴伤害人，是最愚蠢的一种行为。我们的不自由，通常是因为来自内心的不良情绪左右了我们。一个能控制住不良情绪的人，比一个能拿下一座城池的人要强大得多。

有一位小男孩，脾气很坏，总是愤怒。于是，父亲为了约束他，便给了他一袋钉子。并且还告诉他，每当他发脾气的时候，就钉上一根钉子在后院的围篱上面。

第一天，这个男孩钉下了40根钉子，慢慢地他每天钉下的数量就减少了。他发现控制自己的脾气要比钉下那些钉子来得更为容易一些。

终于有一天，这个男孩再也不会失去耐性而乱发脾气了，就将此事告诉了他的父亲。父亲告诉他说："从现在开始，你在开始每当能够控制自己脾气的时候，就拔出一根钉子。"

就这样，一天天地过去了，最后男孩告诉他的父亲，他终于将所有的钉子都拔出来了。父亲便握着他的手到后院中说道："你做得很好，真是个好孩子。但是你看看那些围篱上面的洞，这些围篱将永远不能够恢复到从前。你每生气一次，所说的话，就会像这些钉子一样在别人的心中留下疤痕。就像你拿刀子捅了别人一刀，无论你说了多少次对不起，那个伤口仍旧存在。人在愤怒时，话语的伤痛就像真实的伤痛一样令人无法承受。"

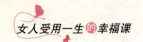

生活中，很多女人都是因为无法控制自己的情绪，而对他人造成永远的伤害。而如果你能够时时控制自己的情绪，宽容地看待他人，一定能收到许多意想不到的效果。其实，很多时候，帮别人开启一扇窗，也就是让自己看到更为完整的天空。

作家亦舒说："情绪这种东西，非得严加控制不可，一味纵容地自悲自怜，便会让你越来越消沉。"有的女人大多数都是很容易因为生活中的小事而发脾气，不仅给自己带来了痛苦，还给他人带去了伤害。所以，女人在任何时候都要学着去控制自己的情绪，这对于工作和人际关系都是百利而无一害的。

刘净在北京一家大型外企已经做了两年的客户经理，平时工作表现很是出色。但是，就在年初的时候，因为不满上司提携了一位新来的同事而大发雷霆，愤然辞职。

她遇到朋友，总是会这样抱怨："平时出差、假期、福利，就那么偏袒她，我都容忍了，现在又是提拔。论能力还是论资格，我都比她强，我就是气不过。"

一个星期后，当刘净冷静下来时，才发现自己当初的举动是多么地可笑。她对朋友说："我当时真是太冲动了，因为一点点的小事而大发雷霆，白白丢掉了好不容易才得到的职位。现在要想在同行中找一个待遇、环境都差不多的公司，真是太难了！"

与男性相比，女性的情绪更容易外露一些。正像哲学家康德所说，女性的细致和敏锐使"她们对极其微不足道的羞辱都十分敏感，对一丝一毫的怠慢和不尊重也能感觉出来。因此，女性的情绪较易受影响、不稳定"。不稳定的情绪，不仅对身体健康不利，而且还能够影响女性的生活。

然而，怒气一旦产生时，我们该怎么办呢？这就要学着去控制，将怒气控制在一定的范围之内。具体可以学着尝试以下几种方法：

1. 学会将怒气的火焰扼杀在"苗子"阶段

生活中，当你的怒气刚刚产生时，就要及时地抑制它，不要让它膨胀。就比如救火一般，在火苗刚燃起来的时候，就及时将其浇灭是非常容易的。一旦火焰蔓延，烈焰冲天时，就极难扑灭了。当你意识到自己怒火已经起来时，最好的方法就是强制自己不要讲话，采取静默的方法，这非常有助于冷静地思考。如果有话非说不可，你可以让自己在开口之前，先将舌头在嘴里转几个圈，这是俄国文学家屠格涅夫劝阻情绪易激动的人采取的好办法。我们在动怒时，最好少说话，是平复心灵并让自己冷静下来的最好的办法。

2. 要学会疏导自己的愤怒

在你的怒气上升时，最有效的控制方法，就是暂时地回避，去干一些自己喜欢干的事情。离开使你发怒的人，脱离引起争吵的现场，失去发怒的环境，以制止怒火的膨胀。如果实在无法离开，可以多做几次深呼吸，并与他人慢慢地逐字逐句地讲话，以平息自己的怒气。

3. 在怒火中时，要学会"逆情性思维"

什么是"逆情性思维"？即向引起愤怒的相反的方向去思考，或者称"回头想"。这个时候，你就可以将自己的思维从愤怒的激情之中拉回来，使自己考虑到问题的其他方面，这样就能够较为客观地看问题，避免让自己做出让自己后悔的蠢事。

4. 学会在怒气中控制自己的行为

一个人在气头上很容易做出出格的事情，比如好友之间会因为一件小事而引起争吵，从而使两人的关系恶化。所以，在你生气时，一定要懂得控制自己的行为，最后是到一个相对清静的地方，让自己尽快地冷静下来，以免引发争端。

5. 学会听取他人的劝告

一个人在发怒时，自控力会相对地减弱，难以有效地控制自己。这个时候，别人的劝告可以发挥助控的作用。这个时候，你就要学会静下心来聆听别人的劝告，切勿一意孤行。

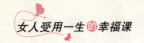
总之，控制情绪的方法有很多种，女人只要根据自身的特点，采取有效的方法，长时间坚持，一定可以有效地控制好自身的情绪。

> **· 幸福箴言**
>
> 　　一个懂得调节自己情绪的人，会时刻提醒自己有意识地去掌控情绪的波动并合理地压抑和宣泄自己的不良情绪。一个能做情绪主人的人，会了解自己情绪的"脾气"，即"情绪晴雨表"，并投其所好，让它以最好的方式服务自己。
>
> 　　一个善于控制自己情绪的人懂得换位思考，懂得尊重别人，懂得"己所不欲，勿施于人"的道理，懂得与人为善，给自己创造更多走向成功的机遇。

63. 你的内心偶尔也需要"格式化"

幸福女人慧语：

☆ 把你的内心偶尔"格式化"，腾空心灵，卸下忧虑，能让往事安眠，让当下幸福。

☆ 遭遇挫败痛苦时，告诉自己：不过是归零了，不过是从头再来。即使陷入人生谷底，只要离开原地，任何一个方向都是上升。再好的戏剧，也有落幕时候；再好的宴席，也有散场时候；再伟大的人物，也有退出历史舞台时候。既然如此，何必背负着沉重的包袱，生活在憋闷、压抑之中呢？

　　一位造诣很深的学者去拜访一位智者。为了显示自己的才华，学者总是喋喋不休。智者静坐在那里，默默无语，只是以茶相待。他将茶水注入这位学者的杯子，满了也不停下来，而是继续往里面倒。眼睁睁地看着茶水不停地溢到杯外面，学者十分着急地说："已经满出来了，何必再倒呢？"智者说："你就像这只杯子一样，里面装满了自己的看法和想法。如果不先把杯子空掉，我该如何把智慧教给你呢？"

心理学家指出，人类 70% 的烦恼都与内心的思想"垃圾"密切相关。它们会让我们产生各种各样的沉重负担，限制我们的行动，阻碍我们前进的步伐。同时，也会使我们的生活变得枯燥、单调、步履维艰。这个时候，我们就要及时将心灵"格式化"，腾空思想，才能轻装前行，体味到生活中的幸福和快乐。

美国哈佛大学校长福斯特来北京大学访问之时，向大家讲述了一段自己的亲身经历：

"有一年，我向学校请了三个月的假，然后告诉自己的家人，不要问我要去什么地方，因为自己也不清楚自己会到哪里。这样做是因为多年来，我厌倦了日复一日单调的工作，想做些自己想做的事情。"

"于是，我只身一人去了美国南部的农村，趁着假期去尝试着过另一种全新的生活。在那里，我做着各种各样的工作，到农场去打工，给饭店刷盘子。和农民们一起在田地里做工时，我背着老板躲在角落里抽烟，或和工友偷懒聊天，这让我有一种前所未有的愉悦。"

最后，她还说到了一件有趣的事情：在她回家的途中，在一家餐厅找到一份刷盘子的工作，只干了 4 个小时，老板就把她叫了过来，给她结了账，并对她说："可怜的老太太，你刷盘子刷得太慢了，你被解雇了。"于是，这个"可怜的老太太"重新回到哈佛，回到自己熟悉的工作环境后，却觉得以往再熟悉不过的东西都变得新鲜有趣起来，工作成为一种全新的享受。

最后，她说："那三个月的经历，像一个淘气的孩子搞了一次恶作剧一样，新鲜而刺激。并且有了这次经历之后，一切在我眼里就如同儿童眼里的世界，一切都充满乐趣，也不自觉地清理了原来心中积攒多年的'垃圾'。"

现代社会，生活节奏飞快，于是伴随而来的是人们生存压力的不断加大。所以，在人生的某些时期或阶段，人们总会自然而然地感受到一种难以摆脱的压抑和烦躁，主动地放下原本的工作或生活状态，把心灵"格式化"，以空杯心态去寻求另外一种生活，可以使心灵得到根本的解脱。

现实生活中，无论是工作还是生活，只有及时将心灵清空，才能让自己接受更新的思想和接纳更愉悦的人与事。蛇类每年都要蜕皮才能成长；蟹只有脱去原有的外壳，才能换来更坚固的保障。如果不舍弃过去的郁闷，永远迎接不到明日的阳光。

要做一个幸福的女人，就永远不要把过去当回事，永远要从现在开始，进行全面的超越！当"归零"成为一种常态、一种延续、一种时刻要做的事情时，也就完成了职业生涯的全面超越。"空杯心态"并不是一味地否定过去，而是要怀着否定或者说放空过去的一种态度，去融入新的环境，对待新的工作、新的事物。

> **· 幸福箴言**
>
> 　将心灵"格式化"，是让女人及时清除自己心灵的污垢，舍弃心灵杂乱不堪的想法，使内心没有挂碍地轻松前行。
>
> 　清扫心灵不像日常生活中扫地那样简单，它充满着心灵的挣扎与奋斗。不过，你可以告诉自己：每天扫一点，每一次的清扫，并不表示这就是最后一次，而且没有人规定你一次必须扫完。但至少要经常清扫，及时丢弃或扫掉拖累你心灵的东西。

 64. 不在意"荣"，更别计较"辱"

🌹 幸福女人慧语：

☆ 人很多时候产生烦恼，是因为对"荣辱"的神经最敏感。只是，多数人因为内心不够强大，所以很难做到宠辱不惊。

☆ 正所谓"祸兮福所倚，福兮祸所伏"，任何事物都有两面性，失意中隐藏着幸福，得意中也往往隐藏着灾祸。所以，我们在任何时候，都要镇定自若，从容面对，宠辱皆不惊，才能在起起伏伏的生活中把握自我，超越自我。

☆ 陆琪说："生活就像是一场大戏，你哭着对它时，它会这么演。而你笑着对它时，它也那样演。你的态度，并不会改变生活的本质。绝大部分时候，你觉得是生活戏弄了你，但不过是自我折磨而已。所以，淡然面对幸运，笑着面对不顺，这才是人生。"

董香香是个淡定优雅的魅力女人，无论遇到多么糟糕的事情，比如孩子考试不及格，老公工作忙，几天不着家，或者自己挨领导批评了，她每天都坚持快乐地生活。每天的晨跑、早上升起的太阳、凉爽的晨风，都能让她舒服自在。

同样，生活中无论遇到多么高兴的事，她也都是平常心对待，比如老公升职加薪了，自己在公司被重用了，她都不是很在意。

有朋友问她说："你为什么总是那么淡定？一整天都乐呵呵的？"

她轻轻一笑，回答道："对于坏的事情已经发生了，你再着急、紧张、郁闷，都是无关紧要的。更何况，孩子乖巧懂事，丈夫对我又很好，我又没有下岗，为什么不快乐呢？对于发生的好的事情，都是付出努力的结果，付出就有回报，对于这种顺理成章的事情有什么让人过于兴奋的呢？"

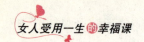

　　董香香对宠辱不惊的那份淡定的态度，令人感动和敬畏。女人也该有这样一份淡然和从容的心境，用平常心去面对人生的荣与辱，得而不喜，失而不忧，只有这样才能为自己赢得一个广阔的心灵空间，在起起伏伏的生活中把握自我，超越自我。

　　人的一生犹如簇簇繁花，既有火红耀眼之时，也有黯淡萧条之日。如果过分地在意"荣"，过分地计较"辱"，就会滋生烦恼和痛苦。事实上，无论是"荣"还是"辱"，终有一天会成为过去，唯有坦然视之，才不会让心情被荣辱所左右。

　　然而，女人因为情感较为细腻，神经也较为敏感，她们的思维经常会被一些小事所牵绊，更容易为一件事情的好坏而高兴或者伤感。事实上，如果女人能放开这些事情，随性而为，就能够在荣辱得失之间泰然自若。

　　自从丈夫去世之后，刘珊的性格就变得怪异，心中时时充满愤怒，整天在朋友面前抱怨生活的不公。她内心憎恨孤独，孀居 3 年后，她的表情也变得硬邦邦的，几乎看不到一丝笑容。

　　有一天，刘珊在路上走着，忽然看到一幢她以前非常喜欢的房子的周围竖起了一道新的栅栏。那房子虽然很旧了，但是院子里面却打扫得干干净净，院子里种植着各种花草，显得很是安静。刘珊注意到里面有一个系着围裙、身材瘦小、弓腰驼背的女人在拔着杂草，修剪鲜花。刘珊不由得停下来，长久地凝视着栅栏里的一切，看到那弱小的女人正要试图开动一台割草机。

　　"喂，你家的栅栏，真是太美丽了！"刘珊一边喊着，一边挥动着手。那个女人也蹒跚着站起身，看着刘珊。她微笑着说："到门廊上坐一会儿吧！"

　　刘珊同女人一同走上后门的台阶，问道："你一个人在这里生活吗？"

　　女人打开拉门，说："是的。我丈夫前些年去世了。两年后，我儿子也身患白血病去世了。这些年我都是独自一个人生活，经常会有许多人来我这里聊天，他们喜欢看到漂亮的东西。有些人看到这个栅栏后便会向我招手，几个像你这样的人甚至走进来坐在门廊上与我聊天。"

"但是你当时的生活发生了那么大的变化，难道你内心不介意？"刘珊问道。

"变化是生活中的一部分内容，也是铸造个性的因素。当时确实挺痛苦的，但是不幸确实已经发生了，痛苦过之后，总要面临选择：要么继续痛苦愤怒，这样做的结果只是会让自己越来越痛苦，因为你不停地重复自身的痛苦，重复一次，就会让自己再痛一次，久而久之，伤痛就成为你生活中的一部分了；要么就振奋进步，用微笑与努力将痛苦掩埋，它就再也不会影响到你了；要知道，太阳每天都是新的，它从来不会因为你而改变什么，既然如此，不如选择后一种……"

听到此话，刘珊的内心深处就有一种新的感受，只是感觉到，由愤怒筑建起来的心灵的坚硬围墙轰然倒塌了……

"荣不惊，辱不哀"，淡然地接受生活所赐予自己的一切，珍惜自己已经得到的，看淡自己所失去的，才能比别人活得更快乐、更顺心、更洒脱。

当然，不在意"荣"，不计较"辱"，顺其自然是一种洒脱的表现。顺其自然是经历了万千风雨之后的大彻大悟，也是领略了人生的峰回路转之后的空灵，也是一种幽幽暗暗、反反复复追问之后的抉择。试着让一些事情顺其自然，这样你会发现内心会渐渐地开朗，而思想的负担也会随之减轻许多，只有这样，你才能感受到更多的幸福和快乐。

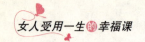
- **幸福箴言**

看淡荣辱，顺其自然，是把握了发展大势之后暂时的搁置，是经历了潮起潮落、看惯花开花落之后的那份淡泊。顺其自然，是一种更加积极、健康的生命状态，是一种科学养生的生存方式。

宠辱不惊，顺其自然，不是丧失了追求和奋斗，而是生命换一种状态与追求，和奋斗融合得更加紧密；顺其自然，不是不在乎成功的荣耀、失败的苦楚，而是抛弃急功近利和短视眼光，在更高的层次领悟成功与失败转化的契机，收获瓜熟蒂落的果实，畅饮水到渠成的甘泉；顺其自然，是熨帖躁动的生命，抚平焦灼的心动，把身心放归静寂，在静寂中孕育，在默然中积蓄，在冷凝中裂变。

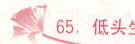

65. 低头生气，不如抬头争气

幸福女人慧语：

☆ 怨天尤人，除了徒增自己的烦恼，别无益处。倒不如把所有的"怨气"都用到激发自己的斗志上。

☆ 无论在生活中遇到任何事情，都不要为他人生气，要学会跟他逗着玩，并努力去赢他，并且争取活过他。只有想通了这点，才能让自己潇洒自如！

☆ 总是咒骂脚下路途坎坷的人，原来，只是低头走了太久。人生那些不顺意，不是因为生活错了，而是我们面对生活的姿态错了。低头抬头都是一辈子，低头生气，不如抬头争气！

《辣妈正传》中，当员工夏冰被上司李木子重用时，办公室里其他不服气的员工便开始对她进行冷嘲热讽，漫天的流言蜚语便向她袭来。

对此，夏冰很是气恼，上司李木子了解到情况后，这样劝解她道：

"你好了，总有人会眼红说闲话的。只有你让自己更好，所有的闲话才会不攻自破。其实你应当谢谢那些曾经或者正在看低你的人，他们才是你进步的阶梯。对此，你大可以不管不问，更加努力地投入工作，当你再回头时，他们只能仰望你了。"

有时间去生气，不如努力去争气！只有愚蠢的人才会一味地去生气，拿他人的错误来惩罚自己。与其这样，不如将自己的精力用在工作、学习和事业上面，拓宽自己的知识领域，让自己变得睿智起来，这样才会增强自身的实力。生气没有用，只有为自己赌口气，努力去为自己争气，才是唯一的出路。

张俪是一家娱乐公司的小歌手，因为个子矮小，所以一直没能得到发展的机会。然而，她却并没有放弃，毕竟身高不是她所能控制的。

有一次，在一个小城市举办了一场青年歌手演唱比赛。张俪参加了，她很希望自己能够通过参加比赛证明自己的实力。在之前，她为这场比赛做了精心的准备，然而在面试的时候，面试的人看了看她，竟然说道："你还想成名吗？小女孩，你先回家自己照照镜子看看吧！"

在大家的嘲笑声中，张俪便被推出了门外。她心里很不服气，很是生气，为自己感到委屈。她便握紧了拳头，然后对着评委大声地喊道："你们不要小瞧人，总有一天，我会成为一个明星的，不信你们等着瞧吧。"张俪的声音很大，但是大家却都笑了。张俪并没有生气，她明白，只有等自己真正地强大起来之后，他们才会认识到今天所犯的错误。

这样的情况连续发生了很多次，但是张俪始终没有放弃。她告诉自己："生气不如争气，自己一定要活出个样子给那些瞧不起自己的人来看看！"因为她对音乐有着执着的追求，奇迹终于出现了，她的才华打动了一个非常出色的制作人，并跟她签了约。不久之后，张俪便一举成名，最终实现了自己的梦想。

生活中，有许多像张俪这样的女人，虽然她们一时没有成功，但她们却从来没有放弃过自己的梦想。面对他人的嘲笑和讽刺，她们只会用自己的行动去证明：她们时时刻刻都在等待，她们总有一天会达成自己的梦想，她们是可以经受住一切打击的强者。

所以，女人千万不要小看了"争气"。尽管它与"生气"仅有一字之差，但其蕴含的道理却有着天壤之别。我们一定要认清自己，争气并不是情绪的一种表现，而是我们对目标的一种追求。争气并不是说有就有的，而是需要我们靠自身去努力，才能实现。争气值得喝彩，争气值得鼓励，争气也是值得我们每个女人应该学习的。

人们常说："人争一口气。"在面对他人的诋毁或者是嘲笑的时候，女人要有这样的气度：他人看不起自己，就越要努力活出个样子来给他们看看。怒发冲冠、以牙还牙有什么用呢？你还是你，你的境况没有任何的改变，别人照样还是瞧不起你。大家并没有本质的区别，既然别人可以功成名就，你同样可以，千万不要去抱怨别人的命有多好。其实，只要你比别人更努力、更争气，一定也可以达成自己的梦想。

> **· 幸福箴言**
>
> 俗话说，生气不如争气。别人越是看不起你，说你不好，你就越要努力活出个样子给对方看，在人前要表现得好一点。怒发冲冠除了给你带来痛苦之外，并不能给你带来什么。你还是你，你的境况没有任何改变，别人照样还是瞧不起你。

66. 宽大为怀，微笑面对他人的"挑衅"

♦ 幸福女人慧语：

☆ 白落梅说："许多人想行云流水过此一生，却总是风波四起，劲浪不止。平和之人，纵是经历沧海桑田也会安然无恙。敏感之人，遭遇一点风声也会千疮百孔。命运给每个人同等的安排，而选择如何经营自己的生活、酿造自己的情感，则在于自己的心性。"

☆ 有涵养的女人，总是乐于接受别人的意见，对于无伤大雅的"挑衅"，她也只是一笑置之。人云亦云、毫无主见的流言，却会被她淡然摒弃。她不会意乱情迷到丧失道德标准，"己所不欲，勿施于人"，她总是不屑于插足是非之中，对于绯闻和流言，她从来都是"绝缘体"。

有一次，苏格拉底在街上行走，有人就用棍子打他的后背，痛得他无法站立而蹲下去，但是很快地，他便又若无其事站起来。目睹整个经过的旁人，看见他没有任何的反应，好奇地问他："别人冒犯了你，你为什么不还手呢？"苏格拉底只是微笑着回答："当一个发了野性的驴踢你时，你还会反过头来踢它一脚吗？"

苏格拉底面对他人的"挑衅"，表现出来的智慧和涵养着实让人佩服。生活中，与人交往，女人难免会遇到他人的冒犯或者挑衅。面对此，女人千万不要表现出盛气凌人的样子，更不要得理不饶人，非要和他争个面红耳赤，斗得两败俱伤。如果这样做，你就失去了作为一个优雅女人的涵养。真正有气质和魅力的女人，在面对他人的"挑衅"时，会入耳不入心，并以微笑面对。

关于内心强大，苏轼在《留侯论》中曾说："之所谓豪杰之士者，必有过人之节。人情有所不能忍者，匹夫见辱，拔剑而起，挺身而斗，此不足为勇也。天下有大勇者，卒然临之而不惊，无故加之而不怒。"也就是说，内心真正强大的"勇士"，必然有一种"过人之节"，他们能够忍受像韩信那样的胯下之辱，而成就辅佐刘邦决胜千里、扫平天下那样的大业。他不会像平常人逞一时之勇，图一时之快。这是因为他的内心有一种在理性制约下的自信与淡定，这是因为他有着宽广的胸怀和高远的志向。

很多时候，面对矛盾、冲突和挑衅，"沉默"是一种强大的力量。面对"沉默"，所有的语言力量都显得极为渺小。所以，聪明的女人，在面对冲突和挑衅时，都会入耳不入心，并以微笑和沉默回绝，这既保全了自己的气质和涵养，也给对方以严厉的回击，可谓一举两得。

要想做一个有涵养、有气质的优雅女人，请学会控制好自己的情绪吧，尽力做到"和为贵，忍为上，虚怀若谷，谦卑宽容"。如果你能时时以这样的健康的心态去处理事情，不但可以得到一个满意的结果，也十分有利于锻造你正直善良的气场，拥有亲和力十足的优雅气质。

> **· 幸福箴言**
>
> 面对对方的挑衅，聪明女人的建议是：不如假装不知。

67. 心平气和者，百福自集

🌸 幸福女人慧语：

☆《吕氏春秋》中有语，乐之务在于心和，和心在于行之适。

☆ 把心放平，是指当你遇到不顺利时，要多说"我相信"，用感性激励自己走出人生的泥潭；当人生太顺时，要养成说"我知道"的习惯，用理性来规范自己。人生好比一锅汤：要沸时，加瓢水；温暾时，加点火。

有一位自认有广闻博学的士人听说老子有高超的智慧，便有点不服气，就亲自登门拜访。

他来到老子的住处，一见老子，便说："我经常听人称赞你是大智慧的圣人，所以，不畏路远，千里迢迢地到此拜访。但是，我见到的和听到的却不一样，走进你的住处，我觉得好像进入老鼠洞一样，满地丢弃的蔬菜，一片杂乱，你不懂得调理生活环境，枉费我不远千里迢迢来此，而你竟然是这么糟糕的人！"

老子听了毫无反应，依然微笑着对他。这位士人见到老子如此波澜不惊，又十分气愤地说道："我说了那么多无礼的话，你怎么一点儿也不生气呢？我以为自己诋毁了你便觉得胜利了，但我心中为何还有点失落呢？不觉得自己曾赢过你，这是什么道理呢？"

老子微微一笑说："如果你送我东西，我却不接受，东西是不是还属于你的呢？"

士人说："当然是！"

老子说："你诋毁我，我能做到心平气和像往常一样，那诋毁也该回到你那里了。"

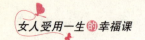

士人顿时恍然大悟。

老子的为人立世的智慧着实让人佩服，正因为他能时时心平气和地面对一切不平事，所以，一生都被百种福气所围绕，据说他活到了100岁。

我们经常会说，要保持一颗平常心，遇事心平气和，百福自集。但是，在生活中，很多女人做不到这一点。当你面对各种利益纷争的时候，难以心平气和；自己如遇到被冤枉、被暗算等这些不平事情的时候，更难以心平气和。这样的女人，情绪会被外界的一切不如意所控制，很难获得内心的平静和真正的幸福。其实，遇到不公事，与其在追求是否公平上耗费大量的精力，不如踏踏实实地把自己的事情做好，这不是任人摆布，更不是逆来顺受，而是一种理智的生活方式。就如你无缘无故被一条疯狗咬了一口，难道你非要反身对疯狗咬一口心里才舒服吗？道理就是如此。

一位心理学老师给她的学生上了这样一堂心理课——蛋糕分配不公的启示。

心理老师在上课之前拿了一块大大的蛋糕，切成了五零四散的小块后，给班上的每一位同学都分了一块。有的同学拿到了蛋糕，而有的同学却没有拿到；有的同学拿到了一块大的，而有的同学却拿到了极小的一块；有的同学拿到了带有奶油的，而有的同学拿到的是没有奶油的……在这样的情况下，有的同学却向老师提意见了："老师，您的蛋糕分得太不公平了。"老师却没有及时地回答学生提出的问题，而是让全班的同学都同时思考这个问题。

10分钟后，老师让同学开始回答。有的学生说："老师分得是对的，那些平时表现好的同学就应该得到大的蛋糕。"有的说："有的同学个子小，就应该得到大块的，以多补充营养。"听完学生们的回答，老师说很好，同时又说："我们该如何面对这些不公正的待遇呢？"这次学生们的回答更踊跃了。有的说："我们应该有一颗冷静的心，先对事物进行分析，再去下结论。"有的学生说："每个人都应该有一颗宽容的心，要多站在别人的角度想问题，才能获得快乐。"有的学生说："我们应该理性地、积极地去看待问题，要看到自己的不足。"还有的学生说："我们应该以一颗平和的心去看待问题，不能因为这些不平事就着急气愤，这是在自寻烦恼。"

冷静、宽容、理智、积极、平和，这几个关键词就是我们面对不平事时应该具有的态度。对此，作家契诃夫有自己的态度："要是火柴在你的衣袋中烧起来，那你应该高兴才是，而且要感谢上苍，幸亏自己的衣袋不是火药库；要是你的手指不小心被别人扎了一下，那你也应当高兴，幸亏这根刺不是扎到自己的眼睛里了；要是无意中被人踩了一下，那你应当高兴，幸亏不是被汽车轧了一下。"

从健康的角度来讲，如果人在不平事面前不能保持心理平衡，也就是对人对事不能做到心平气和，对健康也影响极大。《黄帝内经》中说"怒则气上，喜刚气缓，悲则气结，惊则气乱，劳则气耗"，所以，百病都是生于气。现代医学也发现，人类的 70%～90% 疾病与心理有着极大的关系。如果人的心态不好，爱着急，爱生气，就容易破坏人体的免疫系统，易患高血压、冠心病、动脉硬化等病症。所以，心理平衡对人的身体健康是最为重要的，谁能在不平事面前时刻保持一颗平常心，就等于掌握了健康的金钥匙。

· 幸福箴言

　　当我们遇到不平之事时，一味地怨天尤人是于事无补的，自暴自弃也无异于一种慢性自杀。唯一可取的做法就是，调整好自己的心态，并用极为乐观、积极的心态来生活、工作。既然我们没有能力来改变这些不平事，那就要尽力地调整好自己的心态，对任何事都保持一颗平常心，问题就会迎刃而解，种种矛盾与心结自然也就能打开了。

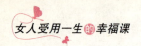

68. 不要做为小事抓狂发怒的女人

♦ **幸福女人慧语：**

☆ 据医学研究表明，人生气1小时的杀伤力相当于熬夜加班6小时！生气是一个人对自己实施的酷刑，消极恶劣的情绪会造成心理及体力过度消耗，导致免疫力下降，使各种疾病发生，盛怒有时还使人暴亡。所以，为了自己的健康，千万别再生气了！

☆ 一个不会生气的女人是庸人，一个只会生气的女人是蠢人，一个能够控制自己情绪、尽量不生气的女人是聪明的。聪明女人的聪明之处，是善于运用理智将情绪引入正确的表现渠道，使自己按理智的原则控制情绪，用理智驾驭情感。

电影《失恋33天》中有这样一个片段：

"黄小仙，真不明白吗？我们两个人是一不小心才走到这一步的？你仔细想想，在一起这么多年，每次吵架，都是你把话说绝了，一个脏字都不带，杀伤力却大得让我想去撞墙一了百了。吵完之后，你舒服了，想没想过我的感受？每次都是我自己觍着脸跟狗一样自己找一个台阶下！你永远趾高气扬，站在原地一动不动……"其实，现实生活中，有很多像黄小仙这样暴脾气的女人，她们失去幸福，多是因为自我情绪的不可控制造成的。

不可否认，女人大多都是感性的，很容易受到外界事物的影响。丈夫误解了自己，孩子不停地哭闹，公共汽车上被人踩了脚，被身边疾驰而过的汽车溅了一身的污水，等等，生活中诸如此类的小事有很多，这也是引发女人愤怒的原因。

其实，无论是谁，遇到此类的小事都难免会气愤和恼火。然而，成功的女人却懂得如何避免愤怒或者避免愤怒所带来的不良后果。因为愤怒经常会使人冲破理智的控制，犯下无法挽回的错误，甚至会断送自己的未来。同时，发怒也会大大地破坏女人的外在形象。生理研究表明，发怒会大大地损害女人的容颜。因为人在暴怒的情况下，会促使血管扩张，使头颈部充血，中枢神经对血管的调节机能失调，影响颜面肤色。在连续不断的怒火的刺激之下，其面部就会变得黯淡，推动弹性而加速松弛，出现皱纹，使细胞加快角质化而迅速衰老。事实证明，脾气暴躁、爱发怒的女人极容易出现皱纹，老得更快一些。所以，女人为了维护自己的完美形象，更为了自身的健康，就要学会控制自己的情绪，别破坏自己的形象。

内心强大的幸福女人是绝不会破坏自己在别人眼中温婉优雅的形象的。当然，做到这一点很不容易，我们还需要了解一些解决的方法。

有一对夫妻经常会因为生活中的一些小问题而争执不下，在家争吵不休。有一次，正当妻子向丈夫怒吼时，一位朋友来访，丈夫尴尬得无地自容。好在妻子顾及丈夫的面子，看到朋友的到来便连忙改口，但是对丈夫来说，终究一时无法从窘境中摆脱出来。

朋友见状，笑着说："听你俩交流得更热烈，我来得可真不是时候啊！"此话一出，其妻子便先红了脸，无语离去。丈夫便马上调侃地对朋友说道："打是亲，骂是爱，我们刚才是在打情骂俏呢！别看她刚才那么凶，其实这正表示出她对我的关心啊，不信你完全可以问她。"这个时候，妻子便从屋中出来与朋友打哈哈，争吵便化为云烟了。

丈夫的"打是亲，骂是爱"极为巧妙地给自己找了一个台阶，巧妙地化解了两人的尴尬，还增添了一些生活的情趣。

女人在遇到愤怒的事情的时候，一定要学会一些化解矛盾和冲突、以控制自身情绪的方法。这样一方面可以将美丽、优雅保持得更为持久，同时，还可以防止破坏和谐的人际关系。

研究表明，一个人在受到令人发怒的刺激时，大脑便会产生一种强烈的兴奋灶。这个时候，如果你能够主动在大脑皮层建立一个兴奋灶，比如看看电影、逛逛街，用它去抵抗或者削弱引发愤怒的兴奋灶，就会使怒气平息。比如你在盛怒之下，正准备与丈夫大吵一架，但是转过头一看到天真可爱的孩子，你的怒气也许就会全部消退。

另外，女人在愤怒的时候，可以选择让自己先离开，走入一个不会再激起怒火的区域，让自己的愤怒情绪冷却一下。自己可以选择在寂静的地方走上一会儿，周围的静会让自己的心情平复下来，但是注意千万不要不断地思索引发愤怒的事情，那样就达不到平息怒火的效果了。女人要记住：你最终的目的是解决问题，而非发泄或者是出气。

最后，要做个幸福优雅的女人，还需要从以下几个方面去努力化解愤怒的情绪。

1. 幽默

幽默是化解怒气的最佳方法。当你的怒气可能一触即发的紧要关头，你完全可以通过自嘲的方式来让自己平息愤怒。比如，你可以这样对自己说："我这是怎么啦？怎么像个 3 岁的小孩子似的？"幽默是卸掉发怒雷管的最佳手段。

2. 宽容

当你能够宽容时，决定要放弃怨恨和惩罚的时候，就会发现心中顿时轻松很多。愤怒的包袱从双肩上卸载了下来，你就不会再冲动了。

3. 回避

因为生活中的一些小事而引发怒气时，你完全可以暂时避开，眼不见心不烦，怒火自然就会先去除一半，这虽然是一种"鸵鸟"政策，但却是自我保护性的息怒的方法。

4. 深呼吸

当你忍不住要发泄怒气的时候，你完全可以先深吸一口气，让自己的舌头在嘴中转两下，并在心中默默念"不要发火，要息怒，息怒"，就会收到一些不错的效果。

5. 加强自身的素质训练

女人要明白，爱发火经常与自身的脾气是紧密相连的。为了克服急躁的情绪，你完全可以学习下棋、绘画、写字，做一些小手工艺品，等等，通过这些方法去培养自己的韧性和柔韧度，久而久之，你就不会轻易大动肝火了。

总之，生气是一服毒药，会让女人失去动人的容颜和健康。只有懂得学会控制自身情绪的女人，才不会随着岁月的流逝而失去其特有的优雅和美丽。

> **· 幸福箴言**
>
> 周国平说，最好的女人，不是明艳动人，也不是雍容华贵，更不是性感迷人。而是有一种历尽风霜后的淡定，有一种阅尽世事后的恬然。所以，身为女人不要动不动就生气，那样只会让你内心变得躁乱，让你失去该有的优雅与美丽。

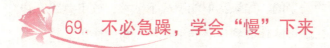

69. 不必急躁，学会"慢"下来

❤ 幸福女人慧语：

☆ 人生如负重远足，欲速则不达。欲速不达，便会酿成苦恼。因此，幸福的女人凡事会做最坏的打算，会向最好处去努力。

☆ 鸟儿为什么能飞得很高，因为鸟儿很轻，把自己看得很轻。而我们若想像鸟儿一般惬意潇洒，就不要把自己太当回事。要知道，在漫漫的时间长河中，我们只是一粒尘埃，而不是巨石。地球离了谁都照样转，世界缺了谁都照样运行，所以，我们要认清自己，放慢自己的脚步，去享受属于自己的渺小的幸福。

一位牧师讲了这样一个故事：

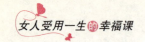

"上帝给我分派了一个任务，让我牵一只蜗牛出去散步。于是，我就照做了。在途中，我尽管走得很慢，蜗牛尽管已经在尽力地爬，可每次总是才能挪动那一点点距离。于是，我开始不停地催促它、吓唬它、责备它。蜗牛也只是用抱歉的眼光看着我，仿佛说自己已经尽力了。我恼怒了，就不停地拉它、扯它，甚至想踢它。蜗牛也只是受着伤，喘着气，卖力地往前爬。"

"我想：真是太奇怪了，为什么上帝要我牵一只蜗牛去散步呢？于是，我开始仰天望着上帝，天上一片安静。我想，反正上帝都不管它了，我还管它干什么？任由蜗牛慢慢往前爬吧！我想丢下它，独自往前赶路。我就放慢了脚步，想将它放下，静下心来……咦？忽然闻到了花香，原来这边有个花园，我感到微风吹来，原来此刻的风如此温柔……而我以前怎么都没有体会得到呢？"

"我这才想起来，莫非是我犯了错误了，原来是上帝叫蜗牛牵我来散步的……"

是的，我们已经习惯了忙碌的生活，遇事都过分急躁，这样无论如何是感受不到路途中的美景的。如果我们能够放下欲求，放下急躁，让此刻的自己松懈下来，就可能体会到生活的幸福和生命的快乐。

其实，过于急躁的情绪会扰乱你的行动，不仅会影响你去实现自我目标，还会给你带来一些负面的情绪，为你的生活徒增烦恼。

晓莉是某著名公司的管理人员，在公司工作的 4 年中，领导对她的评价是：思维敏捷，办事麻利，工作能力极强；而同事和下属对她的评价却是：不够宽容，激动易怒，做事手段太强硬。领导与同事对她的评价有如此大的不同，这源于她急躁的性格。

在公司内部，只要是上级部门向她下达工作任务，她总能够提前完成工作任务，为此，她总是能得到领导的表扬。但是，为了提前完成工作任务，她对下属的要求却是十分苛刻的，明明需要三天才能完成的任务，而她却要将工作任务压缩到两天，不仅把自己搞得焦头烂额，也让那些去执行任务的员工忙得手忙脚乱，精神压力甚大。同时，如果哪个环节出了问题，拖延了时间，她不仅会大发雷霆，而且还会扣除相关员工的当月奖金，让她的下属都苦不堪言。

对此，她也有自己的理由："我其实也不想把大家搞得那么紧张，但是我就是忍受不了那种慢吞吞的样子。……在公司里，我自己从不甘心自己落后，一看到那些效率低下的员工，我就会不由自主地发脾气……对此，我也十分苦恼，我平时的工作压力大极了，头痛、失眠、焦虑经常伴随着我，而且整个人经常会莫名其妙地处于焦躁不安之中，动不动就想发脾气……"

这就是急躁带来的后果。其实晓莉的急躁性格产生的根源在于她苛求太多，她总是不甘于落后，不满足于现状，只要有工作任务，就会马上动手去干，这样做的目的无非是想得到领导的赞扬。但是，让自己背负着如此巨大的痛苦去换取领导的赞扬，未免有些得不偿失了。

在生活中，我们是否也会这样：只要有任务或者有事情等着自己去做，就会马上动手去做，既不认真准备，又无周密计划。遇到烦琐的事情，恨不得来个"快刀斩乱麻"，一下子就想把问题解决，问题一旦解决不了，又会产生挫败感，心神不宁。这时候，也时常听不进去别人的意见与建议，时常会对提意见或建议的人大发雷霆……自己的神经好像绷了根上紧的发条，仿佛永远无法平静下来一样！

不，你可以平静下来的。这时候，你只需舒缓自己的情绪，只要心中静静地默念：好，好，慢一点，不必急。并努力让自己心平气和地坐下来，放松神经，不刻意去思考什么内容，尽量使自己的思维维持在一种似有似无、天马行空的感觉里，或者集中精力听一种声音，比如钟的嘀嗒声。等精神松弛下来后，然后随意控制自己的心理活动，还可以想象事情发生的场景，将自己置身其中，最终找到更好的处事方式。

同时，要相信，耐心是可以培养的，不要对自己要求过高，也不要过分地苛求他人，理性而积极地认识自己，这样才能让自己做出正确的

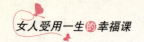

选择与判断。做事情时，一方面要有计划，另一方面计划又不可过于完备，要预留自由度。俗话说"计划赶不上变化"，一个真正周到而有耐心的人，要善于在坚持自己的原则下灵活地变通，这样才能让自己在平静的状态下，有条不紊地达成自己的目标。

· 幸福箴言

我们常说，人要活在当下，活好当下，这样才能好好地把握自己的人生。那么到底怎样才能活好当下呢？怎么才能够让自己的人生更具意义呢？那就是，在喧嚣中为自己争取一片净土，沉淀自己的生命，让自己平静下来。

要永远记住，这个地球离了谁都照样会转，你只是宇宙中一颗微不足道的沙粒，不要把自己太当回事，不要认为自己很重要。学会及时放下，也许工作效果会比你预想的要好得多！

Part 3
人生最幸福的三件事：
有梦追，有事做，有人爱

俞敏洪说："人生最幸福的三件事，莫过于：有事做，有梦追，有人爱。"有事做，可以让你的每一天都过得充实，让你无时间去忧愁、焦虑、痛苦，让你的生命焕发出新的激情，让你在成就感中体味幸福的滋味。有梦可以追，可以让人以苦为乐，在精神上产生愉悦感。人不怕卑微，就怕失去希望、碌碌无为，只要对生活和未来有所期待，再绝望的人也能从卑微里站起来，在前进的过程中苦亦似甜地拥抱幸福。有人爱，不仅仅是被人爱，而且是主动爱别人的能力，这样的女人内心会时时充满甜蜜和幸福。

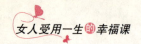

女人的忧虑和迷惘，
多源于丢失了梦想

> 在生活中，有很多女人经常感到生活乏味、焦躁不安、缺乏安全感、忧虑成灾，多是因为失去了梦想。梦想是一个人生活的动力、对未来的期待，是一个人精神获得愉悦的法宝。女人要知道，物质的享乐只会给你带来一时的精神满足，而梦想却能让你灵魂充实，生活充满色彩。

70. 梦想，就是让你感到坚持就是幸福的东西

♦ 幸福女人慧语：

☆ 电影《中国合伙人》中有一句话说，梦想就是一种让你感到坚持就是幸福的东西。

☆ 美国脱口秀天后奥普拉曾说："我们可以非常清贫、困顿、卑微，但是我们不可以没有梦想。"

法国一家著名手提包集团的 CEO 玛丽，在别人问起她是怎么样成为这样的强女人时，她笑着回答了两个字："梦想。"又当别人问到她是怎么一下子就取得这样的成就时，她依然笑着回答说："对梦想的坚持。"

其实，玛丽曾在中学时代就梦想着有一天全世界的姑娘们都以拿她

设计的手提包为荣。当然，要实现这个梦想，就必须先学会绘画。于是，她就开始了每天枯燥的绘画。除了上课时间，她把剩下的全部课外时间都用来练习绘画技能，夏天她顶着骄阳画美丽千变的日光，冬天冒着风雪画白雪皑皑的冰霜。冬天因为温度太低，室外的画板都结了冰，她还坚持拿着画板在坚持。别人劝她回到有火炉的屋子里去，玛丽还开玩笑地说道："我正是要感受一下到底是有多寒冷，才能设计出温暖的包包啊。"同学们都以为她疯了，可是玛丽沉浸在每天必须完成100张图画的无限欢乐和梦想中。就这样，仅仅过了2年时间，玛丽的画工已经达到闭着眼也能勾勒出一幅完美图画的水平了。旁人都觉得她这么执着，是犯傻，可她觉得这是一种幸福。

后来，她在不辞劳苦地学习服装搭配和设计，因为心中怀揣着梦想，她总能化苦为乐，幸福地坚持着。后来，就在她毕业后没几年，机会便来了，她的设计图纸被 MU 服装设计公司的总裁看中。后来，玛丽凭借着自身的不断努力和曾经几年打下的坚实基础赢得了 MU 总裁的信任。在他卸任之后，玛丽在众人的选举下成了他的接班人。

一个心中怀揣着梦想的人，任何事物也抵挡不住她坚持的力量。因为在她心中，那是一种莫大的幸福和快乐。所以，要做一个幸福的女人，让自己的生命有不停前进的动力，那就树立起自己的梦想吧，它会让你的生活充满色彩，让你的生命焕发激情。

那些靠男人给自己幸福、靠朋友给自己幸福的女人是愚者，真正的幸福是要靠自己创造的。而梦想就是女人获得幸福生活的不竭动力。一个女人如果失去了梦想，就算她有万贯家财，就算她家庭生活再和谐，其灵魂也是空洞的，生活也是缺乏色彩的。

早期的太空英雄巴兹·奥尔德林在自己成功地登陆月球后不久就精神崩溃，他的亲朋好友都对他的遭遇感到极为困惑。因为奥尔德林在登月之后，其感情和家庭方面都很春风得意。

几年后，奥尔德林在他撰写的一本书上回答了周围人对他的遭遇的这种疑问。奥尔德林这样写道："导致我精神崩溃的原因很简单，因为我忘了自己在登月之后，自己以后该做些什么！自己如何才能继续生活下去。"

可见，真正幸福的生活是需要依靠梦想去支撑的。奥尔德林在完成了登月这个梦想后，再也感受不到生活的乐趣，找不到属于自己的生活方向，最终使自己的精神处于崩溃的边缘，主要就是因为失去了梦想的支撑。梦想是人生的精神支柱，它是比体贴的老公、乖巧的孩子以及物质财富更能给女人带来幸福感。所以，如果你时常感到迷惘，生活失去了方向，或者感受不到生活的精彩，那就从现在开始树立自己的梦想吧！

> **· 幸福箴言**
>
> 一个女人想要收获幸福，必须要有幸福力，它的过程是充满动感的，是满载智慧的，同时也是长期持续的，不可否认，梦想是女人幸福力的源泉。
>
> 世界上最幸福的事情是，彻彻底底地了解自己的人生追求和梦想，并依托自己天生的才华，让自己的梦想得到实现，让自己的才华得到彰显。

71. 所谓的迷茫，就是才华配不上梦想

🌸 幸福女人慧语：

☆ 一个有头脑的女人在事业上迷茫时，一定不是在梦想面前举棋不定、徘徊不前，而是会在才华上卧薪尝胆，反思它为什么不能日渐丰满。

☆ 如果你有大才华，就去追求梦想；如果你觉得自己还远远够不着梦想，那就安静下来，扎进小的失败和挫折中，汲取营养，不断提升自我。

☆ 驱除内心迷茫的最好方法，就是埋头把当下的、手头的工作做到极致，如此坚持，你的前途一定会一片明朗。

　　一天，一位衣衫褴褛、满身补丁的年轻人走过一所大楼的工地前，看到一位衣着体面的大老板在指挥现场的工作。他便鼓足勇气向对方请教："我如何才能成为像你一样的成功者呢？"

　　老板看到年轻人，甚感意外，低头打量了一个小伙子，问道："你是做什么的呢？为何如此狼狈？"

　　年轻人说："我现在没有工作，只是想利用更多的时间去探究成功人士的成功秘诀。希望这样可以让自己找到成功的捷径。我已经拜访过好多个成功人士了，但是终无所成，内心异常地焦虑，希望你能够告诉我！"

　　老板听到此话，哈哈笑了起来，随后就给他讲了一个小故事。

　　在一个开凿渠道的工地上，共有三个工人。一个整天都懒洋洋地挂着铲子，天天用不屑的口气对其他的两个人说，自己将来一定要做老板；第二个工人则是天天抱怨工作时间太长，得到的报酬低；而第三个工作时从来没说过什么话，只顾每天低头努力挖渠道。

　　两年以后，第一个工人仍旧在挂着铲子，依然每天都在不停地嚷着自己以后一定要当老板；第二个则找了个借口退休了，从此不再干活了，生活当然变得很惨；而第三个工人，最终不仅成了那家公司的大老板，而且还让公司的发展更上一层楼。

　　最后这位老板说："年轻人，不要再将自己置于虚无的幻想中了，埋头苦干才是最重要的。"

　　看到年轻人满脸的疑惑。大老板又看了看四周，回过头来指着那些正在架子上工作的工人，对男孩说："你看到那些正在干活的人了吗？他们全都是我的工人，我虽然无法记住他们的名字，甚至对很多人都没有印象。但是，你仔细看他们之中，只有那边那个穿红衣服、脸晒得红红的家伙，以后可能会出人头地的。因为我很早就注意到他，他每天都比其他工人早上班，而且干活比谁都卖力。"随后，大老板就笑着说："我现在要请他过去做我的监工。我相信，从今天开始他会更加卖力的，

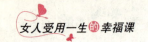
说不定在几个月后就会成为我的得力助手。"

其实，生活中，许多女人在工作中感到空虚、迷惘、失落、焦躁，皆是因为才华跟不上梦想：想做的做不了，能做的又不愿意付出努力去做，只是一个人在不停地抱怨、烦恼。

张洁是一家杂志社的编辑，经常向同事抱怨自己的痛苦：不受领导重视，工作难度大，工作太累人。每次抱怨完，她都信誓旦旦地说自己找到合适的机会就马上辞职。可是，几年过去了，她仍旧在自己的岗位上，除了抱怨，还是硬着头皮做那些她根本不愿意做的工作。

其实，做一个好的编辑是张洁毕业时候的梦想，如今她已经在原单位工作3年多了，仍旧一事无成，还在跳不跳槽的问题上纠结不已。虽然她经常因为这样或那样的问题被领导批评，但是每次完事后，她都是抱怨一通了事，几乎没有冷静努力地修正自己的错误。下一次，遇到同类问题，同样的错误还照犯不误。

一次，她与同事刘静合写一篇人物专访的稿件。刘静采访完，整理好资料后发给她，并让她把里面的错字、错句修改一下。可她看都没看，就直接发往主编那里，最终，主编又把她和刘静训斥了一番。刘静告诉她说："你之所以每天都说自己迷茫，是因为你从来没有认真地做过一件事情。"

不可否认，张洁不是被领导和其他人否定的，而是被她自己否定的。既然她把做一个好的编辑作为今后的梦想和事业，那就该从点滴开始，按照好编辑的要求去训练自己。可是她并没有，说白了，在工作这件事上，总是吊儿郎当，别说领导不尊重她，就连和她合作的同事都讨厌她。她所谓的迷茫，就是作为一个编辑的才华，还配不上她想作为一名好编辑的梦想。这怪不得别人，其实在她入职的3年时间里，她完全可以改变自己实现自己的梦想，但她却没有让自己的才华和能力增长一点点，到最后，只能给自己一个迷茫的定位，艰难度日。

其实，对于那些爱抱怨的女人来说，克服迷茫的方法，无外乎其他，就是抓住现有的生活，狠狠地向前，努力让自己做得更好一点，而不是站在那里，仰望天空，抱怨梦想的遥远。故事中的张洁如果能够认真地对待每一个稿件，即便她的起点很低，三五年的时间内，也足够完成一个华丽的转变，而不是像她现在一样，如同刚毕业的大学生一般，去抱怨生活的艰难和工作的不适。

所以，那些大喊"迷惘"的女人，不要再无病呻吟，埋下头把当下的、手头的工作做到极致，梦想自会主动来找你。

> **· 幸福箴言**
>
> 人的忧虑、迷惘、焦躁，很多时候都源于一种心理落差：才华配不上梦想，能力跟不上期望。而解决这些负面情绪的唯一办法，便是把行动倾注于当下的每一分每一秒。
>
> 这个世界上并没有什么"救世主"，一切的努力都要靠自己。凡事要脚踏实地去做，不能只耽于空想，不惊于虚声，以实事求是的态度，认真踏实地去做，一路向着梦想，最终便可以获得更为宝贵的成功。否则，不仅会让自己陷入无限的焦灼状态之中，还会让自己在虚空的幻想中收获虚无的人生。

72. 没梦想的女人站灶台，有梦想的女人站舞台

🌸 **幸福女人慧语：**

☆ 小塞涅卡说："如果一个人不知道他要驶向哪个码头，那么任何风都不会是顺风。"

张琼是个家庭主妇，老公是一家上市公司的CEO。十几年了，她一直过着围着灶台转的安逸生活，可是，直到老公的一张离婚协议书打破了她原本平静的生活。原来，老公爱上了一位优秀的女客户，而张琼只能成为婚姻的牺牲品。

她也哭过、闹过，可还是收不回老公的心。末了，在好友的介绍下，她到一家化妆品公司做起了美容顾问，在工作的过程中，她收获了充实和快乐，也树立了自己的梦想。她要为失败的婚姻努力，为自己的贫困而努力。两年后，她已经成为公司的金牌形象顾问。她站在闪亮的舞台上，说的第一句话便是："感谢梦想，是它把我从灶台上拉下来，然后又把我送到了舞台上。"

无梦想的女人站灶台，有梦想的女人则会站舞台。

那些在梦想的支撑下变得美丽高雅、气质非凡的女人，才能活得漂亮、活出潇洒，无论是物质还是生活方式上，都能让自己获得幸福，拥抱快乐。

不可否认，梦想是人生的指路标，指引着一个人应该朝着什么样的路前进，以一个什么样的姿态去前进。所以说，梦想是一种能量，能催发女人内在的美丽。可以想象：一个为梦想而不断向前、奋斗追求的女人，单是那种自信和执着，便能让她散发出迷人的气质来。

女人不会因为岁月的痕迹而显得苍老，反而会因为梦想变得更加美丽。美国总统威尔逊说："我们因梦想而伟大，所有伟人都是梦想家。"一个为自己的梦想不抛弃、不放弃的女人，浑身上下都散发着迷人的气质，这样的女人很难不幸福。拿破仑说"不想当将军的士兵不是好士兵"，那么没有梦想的女人，也不会是男人心目中最理想的女人。

在如今这个社会，最不缺少的就是怀有梦想却不去努力实现的空想家。很多女人都喜欢将自己的美丽梦想挂在嘴边，但是却不从实际出发。要知道为了梦想而不断努力奋斗的女人，才是最有幸福感的女人。著名作家三毛就是一个敢于做梦，并努力实现梦想的女人。当三毛走进撒哈拉沙漠的时候，很多人都说，不知道是三毛选择了沙漠，还是沙漠选择了三毛。其实，是梦想实现的动力，让三毛选择了沙漠。梦想的追求让三毛在沙漠中坚强，也在沙漠中绽放了自己的美丽。

张鑫出身于农民之家，自小她心中都有一个作家梦。在梦想的支撑下，她考上了一所重点大学。毕业后经过自己的不断努力，她终于找到了一份与写作相关的工作。为了追求梦想，如今她已经 32 岁，仍是孤身一人。周围的女同事感到不解，那么大年龄仍孤身一人还能天天哼小曲，真是乐观啊。有人问她："你一个人怎么还活得那么开心啊？"她说："因为我有梦想啊，一个有梦想追求的女人，无论你的梦想有多渺茫，可你的内心却总是富足的！所以，它会让人无论在怎样的境遇下，都能保持快乐！"

的确，一个人心中只要有梦，心中永远是幸福、快乐和富足的。对女人来说，保持乐观不是提升个人气质的法宝吗？

一位哲人说："一个女人可以没有美好的生活，但万万不能没有美好的梦想。"历来为人们所称颂的都是那种永不退缩、永不言败的女人。当你看到一个女人为了自己的梦想努力拼搏的时候，你就会不知不觉地为她的努力而动容。这种女人让任何一个没有梦想、不愿意奋斗的女人在她面前黯然失色。有人说："每个人都是一条毛毛虫，需要经过挫折和困难才能成为美丽的蝴蝶。"的确如此，梦想是人生的调味剂，有了梦想的女人，生活才会更加幸福。梦想是女人的水晶鞋，能够让灰姑娘从平凡走向高贵，能够为自己的梦想拼搏的女人，时刻都散发着迷人的气质，让自己活得幸福。

人生不是漫无目的地散步，女人因为梦想而与众不同。无论是对爱情的勇气，还是对事业和人生价值的追逐，女人在这个过程中努力前行，并用自己的行动告诉我们：梦想，只要你肯努力，其实并不遥远。宝洁公司大中华区总裁李佳怡说："保持自己的女性气质和举止，努力去认识这个世界，永远不要放弃梦想，做自己喜欢的事情。"女人的梦想，就是女人的信念，是女人对自己的未来与生命负责。梦想能够让一个女人的灵魂优雅地高飞，能够让一个女人最具气质而成为最富感染力的人。

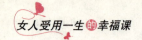
· **幸福箴言**

梦想并不是抽象的东西，而是需要你努力追逐就可以得到的东西。

无论世事在我们的胸口上划过多少伤痕，只要有梦想就有生存的激情。

因为可以追逐梦想，你会发现自己比原来更加快乐、更加充实，并感染你周围的每一个人。

生活的理想：快乐幸福的女人总是不断地为自己树立一些目标。通常我们会重视短期目标而轻视长期目标，而长期目标的实现更能给我们带来幸福的感受，你可以把你的目标写下来，让自己清楚地知道为什么而活。

73. 不做"三转"女人，摒弃"三等"女人

♦ **幸福女人慧语：**

☆ 一个女人，所有幸福的源泉，都来源于自身的价值感和存在感：要自己活得重要，要自己对亲人、朋友乃至世界，是具有意义的。

☆ 可以这样说，女人认定的"幸福"，看似跟"物质"联系在一起。实际上，"物质"的背后，折射出的是一个人在这个世界上安身立命的一个"位置"。一个女人只有找准了自己的"社会"位置，才能拥有真正的"安全感"和"幸福感"。

☆ 喜剧演员黄西说："真心做自己喜欢的事，倾听内心深处的声音。从失败中学习，尝试了一些东西，有了失败的感觉，才知道自己喜欢什么。看自己擅长什么，而不是看大家都在做什么。行业没有贵贱之分，选择职业也是。走的路跟别人不太一样，不一定是坏事。"

女人，不到万不得已，一定不要把自己禁锢在家庭中，丢掉自己的

社会属性，去做"全职太太"。当然，身为女人，偶尔下班回家做做饭、打扫打扫卫生是可以的，但是，一个女人如果把做家务当成自己的"终生事业"，那便是一种悲哀了。这样的女人，曾被称为"三转"女人，只知道围着丈夫转、围着公婆转、围着孩子转，永远都不可能活出自己的精彩。也曾被称为"三等"女人，即等着老公下班、等着孩子放学、等着电视剧开播。可以想象，一个完全失去"自我"的女人，自己的幸福会有保障吗？

一个真正聪明的女人，该有自己的追求和工作。不要惧怕失败，也不要理会你的职业是否能为你带来风光的未来，只需做自己的事情，倾听自己内心的声音就够了。它至少可以让你充满自信，人生变得更精彩，而这些都是提升你个人气质所不可缺少的因素。很多时候，工作的意义并不在于你能赚多少钱，却在于你能够顺利地实现自己人生的价值。找一份工作的前提是自己一定要喜欢，只有喜欢才有可能热爱，才有可能在职业道路上找到适合自己的位置，发挥自己的才能，从而比较容易成功。

小娜是一个文化程度不高的女孩子，只念过初中，就到饭店里面做了服务员。虽然长相出众，但是学历上的限制，小娜只能做一些比较简单的工作。她一心盼望自己能够找到一个照顾自己一辈子的白马王子，自己就可以在家做全职太太，不用出来工作了。

小娜凭借自己出众的长相，找到了一个常来饭店吃饭的老板做丈夫。婚姻的前两年的确很幸福，并且自己也没有再出来继续工作，而是在家相夫教子。小娜虽然文化程度不高，但是却很喜欢制作手工娃娃，家门口的公交站附近有一家手工娃娃厂招女工，小娜一直想要去试一试。但是丈夫觉得小娜去做那种工作会给自己丢脸，又怕小娜在家里面待着无聊。于是，将公司里面打字员的工作让小娜去试试。

工作了一个多月，小娜对于自己的工作做得一点都不开心。每天面对一些自己并不懂的文件，还要一遍遍机械地敲着键盘，她决定还是回家乖乖地相夫教子。随着时间的流逝，小娜逐渐地熬成了"黄脸婆"。为了守护住自己青春的容颜，每次美容护理皮肤的费用都在几千元以上。起初丈夫并没有说什么，后来就剥夺了她的经济大权。小娜因为自己没有赚钱，也不好意思和丈夫争什么，她忽然间觉得自己在家里面就像一个保姆，一点地位都没有。

当一个女人沦落为"三等"、"三转"女人，那么每天的任务就是"混"日子了。在极尽无聊的时光中，大把大把地挥霍自己的青春。女人至少应该有自己的事业，并且在自己喜欢的事业上有所作为。这样即便是时光无情，在眼角流下痕迹，但是你拥有自己的价值，你在工作上的出色表现也能赢得丈夫的认同和尊重。因为你也是家里面的经济支柱之一，你有一份自己能够胜任并做得相当出色的职业。

戴尔·卡耐基说："一个人只有热衷于自己的工作，他才不至于为工作而忧虑，并且很可能会取得成功。而热爱工作的前提是做出合理而恰当的职业选择，在此过程中一定要小心慎重，切莫草率行事。"女人倘若想要在一个合适的职位上做出一番业绩，首先必须花点心思弄明白自己适合什么职业，根据自己的爱好和能力选择自己的职业，这样就可以既不高估自己，也不随便看轻自己了。

· 幸福箴言
独立的女人是不卑不亢的，有的只是平淡如菊的心境。

74. 女人，请为自己的人生做一个规划

幸福女人慧语：

☆在年轻的时候，如果能尽早预筹生涯发展，先期进行生涯管理，人生之路必然走得实在，活得快意。

☆ 世事是无常的，自然的花开花谢，人世的生离死别，都是大自然无法逆转的规律。我们要想让自己精彩地过好每一天，不让自己沉沦在虚拟的幻想中，就要及早为自己的人生做一个规划，这样才能时刻提醒自己要勇猛精进，才不至于等到生命离去的时候才后悔人生的虚度！

一个冬夜的傍晚时分，父亲安静地坐在火炉旁，为他的女儿讲故事。父亲看着7岁的女儿，慈祥地说道："世界上共有四种马：第一种是绝等的良马，主人为它配上马鞍，套上辔头后，它奔跑的速度快如流星，能够日行千里。尤其可贵的是，当主人一扬起鞭子，它只要见到鞭影，便能够知晓主人的心意，迅速缓急，前进后退，都能够揣度得恰到好处。这就是深受世人称赞的能够明察秋毫的一等良马。"

"还有一种马也是好马，当主人的鞭子抽过来的时候，它看到举起的鞭影，但是它不能马上警觉。等到鞭子扫到了它尾巴的毛端时，它才能够知晓主人的意思，便会马上向前奔驰飞跃，也可以算得上是反应灵敏、矫健善走的好马。"

"第三种则是一种庸马，不论主人多少次扬起鞭子，它看到扬起的鞭影，不但不能迅速地做出反应，甚至等皮鞭如雨点般地抽打在它的皮毛上，它始终都无动于衷，反应极为迟钝。等到主人鞭棍交加，将皮鞭落到它的肉躯上时，它才能够察觉到，然后才会顺着主人的命令向前奔

跑，这等马是后知后觉的庸马。"

"第四种则是一种驽马，当主人扬起手鞭之时，它也视若无睹；即便是将鞭棍抽打在它的皮肉上，它也仍旧毫无知觉。直至主人盛怒至极，它才能如梦初醒，放足狂奔，这种马是愚劣无知的驽马，因为它的冥顽不化，最终不受人喜爱！"

父亲将话说到这里，突然就停顿下来，用极为柔和的眼光看着女儿，告诉她说，这四种马就分别对应的是四种不同的人生。第一种人看到自然无常变异的现象、生命陨落的情况，便能够悚然警惕，奋起直进，努力去创造一个崭新的生命。第二种人则是看到世间的变化无常，看到生命的大起大落，也能够及时地鞭策自己，从不懈怠。第三种人则是等看到自己的亲友经历、看到颠沛流离的人生、经历过死亡的煎熬后，非要等到亲尝到鞭杖的切肤之痛后，方能幡然大悟。第四种是当自己病魔缠身风烛残年的时候，才悔恨当初没有及时努力，在世上空走了一趟。就像第四种马，非要受到彻骨的剧痛后，才知道奔跑，然而，一切却已经都晚了！

四种马代表了四种不同的人生，我们要想不让自己不沦落为第四种马的悲惨结局，就要及早地为自己的人生做一个规划，这样才能时刻激发自己不断前进，不至于使一切都结束的时候，才去懊悔人生的虚度！

在生活中，有些女人在前进的道路上步步向前，极为充实；而有的女人则止于中途，使心灵陷入迷惘。其主要原因就在于，后者没有为自己的生命做好一个规划。卡耐基说过："我非常相信，及时地为自己的人生做个规划，是获得心理平静的最大的秘密，因为我心中时刻充满了信念。而我也相信，只要我们能制定出个人规划来，什么样的事情都是值得我去做的。并且我能够清楚地知道自己的下一步该去做什么，我需要过一种什么样的生活。如此一来，至少可以消除掉我50%的忧虑！"

他的这种说法就像我们登山一样：如果是一条我们曾经走过的熟悉的道路，或者我们在出发之前仔细阅读过地图，便可以知道前面有一些什么，知道再走几百米就可以休息，再走多远就有一处美丽的风景，这样有规划地走起来，会觉得自己的全身都充满了力量。如果我们的前面是一条完全陌生的路，那么，我们可能走几十米就会感到气喘吁吁，最终把自己累得苦不堪言。

有一位年轻人找到一位智者，向他倾诉自己对目前的工作不满意，希望能拥有更适合于自己的工作，并能最终做出一番事业来，但是他苦恼不知道如何才能改善自己目前的状况。

了解到他的状况后，智者便问他："你想往何处去呢？"

"关于这一点，我自己实在也说不清楚。"他犹豫了一会儿，回答道，"我从来没有思考过这件事情，只是想着要到不同的地方去。"

智者问道："你做过的最好的一件事情是什么呢？"随后又接着问他，"你最擅长的是什么？"

年轻人回答道："不知道。给你说吧，关于这两件事，我也从来没有明确地思考过。"

"假定现在的你必须要自己做一番选择或决定，你想要做些什么呢？你最想追求的目标是什么呢？"智者追问道。

年轻人极为茫然地回答道："我现在真的说不出来。我真的不知道自己想做些什么。虽然我也曾觉得应该好好计划一番才是……"

智者说："那我可以这样告诉你，现在你想从目前所处的环境中转换到另一个地方去，但是却不知该往何处去，这是因为你根本不知道自己能做什么，想做什么，你从来没对自己的人生做出过规划，这样即便你再换一个环境，也会出现这样迷惘的状态。"

在前进的旅途中，我们要合理地对自己的人生做出合理的规划，一定要详细地了解自己，清晰地知道自己究竟需要什么，追求什么，我们目前做的事情是否与自己的规划一致，这样才不至于使自己在半途中突然停滞下来，感到迷惘。

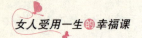

· 幸福箴言

　　我们自从来到这个世界上，一生都是在赶路的，而路时刻就在自己的脚下不断向前延伸。只有知道方向的人，才能在人生空间的坐标中找准自己的位置，才知道自己为何要向那个方向前进。而不清晰方向的人，则永远不知晓自己的具体位置，不知道未来要去向何方，更不知道自己存在的意义。所以，从现在开始，请为我们的人生做出一个合理的规划，为生命的每一天都列出一个清单，并努力踏着你的规划向前。相信这样，你永远不会感到迷惘，最终也能收获到梦想的果实，获得有意义、快乐的人生！

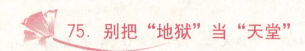

75. 别把"地狱"当"天堂"

❀ 幸福女人慧语：

　　☆ 不拼、不搏，人生白活；不苦、不累，生活无味。懒惰是很奇怪的东西，它使你以为那是安逸、是休息、是福气，但实际上，它所给你的是无聊、是倦怠、是消沉。它剥夺你对前途的希望，割断你和别人之间的友情，使你心胸日渐狭窄，对人生也越来越怀疑！

　　☆ 安逸的生活原来也是一种地狱，它虽然没有刀山可以上，没有火海可以下，没有油锅可以赴，可它能渐渐地毁灭你的理想，腐蚀你的心灵，甚至可以让你变成一具行尸走肉。无所事事也是一种难挨的痛苦，日理万机有时反倒是一种充实的幸福。生于忧患，死于安乐，大概是人类共同的命运。

　　一个贫穷的人，平生极为懒惰，却总是梦想自己能过上富贵无忧的生活。

　　有一天夜里，他做了一个梦：自己到了一个极为美妙的地方。那里有花园美景，有绝色美女，有令人眩晕的娱乐节目，还有享用不尽的华丽的服饰和美食。

里面还有大批的奴仆，一位奴仆过来告诉他说："从此之后，你就是这里的主人，这里的一切都是你的，想吃什么就吃什么，想玩什么就玩什么，奴仆也可任由你支配！"这个人极为庆幸：这种日子一直是他梦寐以求的，终于实现了目标。于是，他每天都将自己浸泡在美色与美食之中，得到了前所未有的快乐。

就这样，日子一天天地过去，他发现美食不再那么可口了，游戏也越来越乏味了，那些曾经让他感觉天仙般美丽的女人们再也提不起他的兴趣来了。他每天早晨醒来以后，也不知道如何打发时间，于是就对仆人说道："这样的生活真是太过无聊了，我需要做一点事情，你能给我一份工作做吗？"

让他感到意外的是，这个要求被拒绝了。仆人说道："很是抱歉，这里没有工作可以给您做。"在沮丧之余，他愤怒地说道："这里真是太无聊了，早知道这样，您还是送我去地狱好了！"听了他的抱怨，仆人温和地对他说道："先生，您以为这里是什么地方呢？这里就是地狱啊！"

由此可见，拥有一份能够自食其力的工作，是多么幸福的一件事情！生活中，许多女人经常会听到这样的抱怨：工作太紧张，每天早起晚归，疲于奔命，不知何时是个头；如果来世，我希望自己吃了睡，睡了吃，什么都不用操心；什么时候可以不用工作，就能住上大房子，开上名车……要知道，人活着就要思考，就要劳动，如果你整天置自己于安逸之中，每天衣食无忧，表面上看似在享受，实则是生活在地狱之中。长时间将自己浸泡在安逸之中，人无疑也成了行尸走肉。

其实，一个女人最为可悲的行为，就是丧失了理想，没有了进取心，一味地去享受安逸。这样会让你的人生苍白无力，不懂得珍惜自己所得到的东西，也不会对周围的事物心存感激，更不容易找到满足感。而通

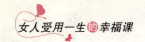
过工作来实现自我价值，通过个人努力来获得成就，你会体会到收获的快乐，珍惜自己所拥有的，对周围的一切心存感激，那么，你将会获得长期的快乐和幸福。所以，无论你是腰缠万贯的富豪，还是一贫如洗的人，都要记住，只有工作才能让你在充实中体会到生命的本质意义，才能让你获得快乐和满足，才能让你在奋斗中感受到生命的真精彩。

• **幸福箴言**

人生就如同石头与砖头一般，想要成为什么，关键就看自己的选择。石头虽然轻松，但是它感受不到生命的任何精彩；而砖头能够在各个领域中发挥自己的优势，这是石头从不可能体会得到的。在短暂的生命中做出成就来，远比在长久的生命中碌碌无为要精彩得多。人生的真谛也是如此。活要活出意义来，没有任何意义的人生，即便活得再长，也无法创造价值，只是在虚度光阴，让自己的灵魂空虚罢了。

76. 找一个真爱的恋人，更要做自己最喜欢的工作

❤ **幸福女人慧语：**

☆ 富兰克林说："有事可做的人就有了自己的产业，而只有从事自己喜欢的工作，才能让你的天性掌起你的事业，才会给他带来利益和荣誉！"

☆ 卡耐基说，每个女人的人生中，都会面临两个选择：第一，你将选择谁做你的孩子的父亲；第二，你将选择一个什么样的工作。这两个选择和你的幸福息息相关，它们既可以造就你，也可以毁掉你，所以女人一定要重视起来。

董娟是个快乐的女人，每天脸上都洋溢着幸福的笑容，有人问她为何如此幸福，她说道："白天我有一份自己喜欢的工作，晚上有一个自

己爱的老公，这样算下来，我一天 24 小时心情都是愉悦的，还有什么理由不幸福呢？"

不可否认，男人和工作都是女人一生获得幸福生活的重要源泉。身为女人，如果你有一个自己爱的恋人，那么就请为自己选择一个自己喜欢的工作吧，那么你也会像董娴一样，一天 24 小时都能沉浸在快乐幸福之中了。

美国轮船制造商古利公司的董事长大卫·古利先生说："如果你喜欢你的工作，即使你的工作时间长，你也丝毫不会感到厌烦，而是感觉在做游戏。"这句话是很有道理的，当你喜欢你的工作时，你很容易取得成就，并且不会为自己的工作而苦恼。爱迪生在实验室里每天都工作 18 个小时，但是他并没有觉得辛苦，而是十分地享受。正因为他喜欢自己的工作，他取得了巨大的成功。所以，在选择工作的时候，女人尽量要选择自己所喜欢的工作。

当然，一个女人要选择自己喜欢的行业、岗位，首先应考虑的是自身的性格和兴趣。你只有在充分认识自己性格的基础上，尽量选择那些可以最大限度地利用现有的经验，并与自己个性爱好相吻合的行业，才能让自己在工作中获得快乐的同时，做出成就来。

现实生活中，很多女人选择工作或职业，都会为了所谓的"高报酬"、"面子"、"荣耀"等因素去选择一个自己并不喜欢的工作，最终只能在岗位上痛苦、抱怨。

女人要知道，我们工作不仅仅是为了得到报酬，还是对自己人生的一种体验，如果你从一份工作中难以得到快乐和幸福，那么即便能拿到再高的报酬，也是得不偿失。所以，从现在开始，你可以扪心自问：有没有觉得只要面对或提及工作时，袋脑就像一团乱麻？有没有觉得自己的性格使你很难真正投入工作中去？有没有觉得自己的工作让你很不开心甚至痛苦？有没有觉得很想换个工作？有没有觉得现在的公司根本没有当初想象的那么好？有没有觉得自己当初完全是为了生存压力而来

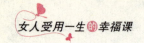

的，实在不适合自己？

对于上面的问题，多数的回答是肯定的，那么，你就该好好反思一下自己的工作是否适合自己了。这个时候，你必须要学会选择，懂得放弃，重新认识自己，给自己一个明确的定位，然后选择自己所喜欢的。

·幸福箴言

身为女人，如何才能深入了解你准备进入的这个行业是否适合自己呢？对此，卡耐基给出了建议：你可以找那些在这个行业里工作了 10 年、20 年或者 30 年的人士详谈。他们在这个行业里工作了这么长时间，从他们的口中，你可以十分清楚地了解这个行业，然后再分析自身的性格是否适合。这样的话，你就不会盲目地进入一个自己根本不适合的行业了。

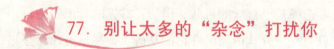

77. 别让太多的"杂念"打扰你

◆ 幸福女人慧语：

☆ 玛蒂娜·纳芙拉蒂诺娃说："我觉得女人成功的秘诀就是不要给自己设限。"

☆ 女人很多时候不是败在了"能力"上，而是败在了"杂念"上。一个前行的人，如果背上太重的包袱，自然就步履维艰，同样一个奔向梦想的女人，如果想得过多，就会变成阻碍。

☆ 许多女人过日子总很累。不管身边人做什么，都让她劳心、劳力、伤心、伤神。其实这世上，哪有这么多不如意？只不过是你的心思太重，想得太多而已。有些小事，想多了就变成大事。有些细节，想重了就变成惨剧。说来说去，全是幻想而已。所以说，人重累人，心重累心。做人的首要原则就是要懂得放松自己。

一位女孩大学毕业后不知道自己该何去何从。她向教授倾诉了自己的诸多烦恼：没考上研究生，不知道自己未来的方向在哪里；男朋友将要到另一个城市上班，很可能会移情别恋……

教授听罢微微一笑，就让他将所有的烦恼一个个地都写在了纸上，并让女孩判断自己的所有担心是否是真实的，并将结果记在旁边。

经过实际的分析，女孩竟然发现自己的困扰都是不真实的，看着眼前的那张困扰记录，不禁说道："真是无病呻吟！"教授注视着眼前的一切，微微对她点头，并对她说："你看到过大海中的章鱼吗？"女孩茫然地点了点头。

"有一只章鱼，在大海中本来可以自由自在地游动的，寻找食物，欣赏海底世界的美丽景致，可以享受到生命的丰富的情趣的。但是，它却给自己找了一个珊瑚礁，然后将自己困在绝境之中。你觉得你是否像那条章鱼呢？"

女孩说："真的很像！"

于是，教授就提醒她说："当你陷入烦恼的习惯性反应时，就要记住你就是那条章鱼，要松开你的八只手，才能让自己自由地游动。系住章鱼的是自己的手臂，而非海中那些珊瑚礁的枝丫。"

现实生活中，女人都会遇到像故事中女孩一样的事，在前进的道路上无端地让自己内心生出许多烦恼，将自己困在绝境之中，动弹不得。其实，就那位教授所说，许多烦恼都是自己造成的，只要你松开手，就能够在水中自由地游动。

其实，在生活中，我们所做的每一件事情，都会有两道墙会出现在自己的前方：一道是外显的墙，那是关于整个外部大环境的围墙；而另一道是我们内心所隐藏起来的墙，这是我们心中为自己所设限的墙，而决胜的关键就要看你能否用坚强的意志去突破心灵中藏着的那道墙。

国际著名的登山家罗赛尔，曾经常会在没有携带氧气设备的情况下，成功地登上海拔高达 6400 米以上的高峰，这其中还包括世界第二峰——乔戈里峰。

其实，世界上许多的登山高手就以不携带氧气瓶登上乔戈里峰为自己的第一目标。但是，几乎所有的登山高手只登到海拔 6000 米左右处，就无法继续前进了，因为这里的空气极为稀薄，人几乎会感到窒息。所以，对登山者来说，想要靠自身的体力与意志力独立去征服乔戈里峰峰顶，确实是一项极为严峻的考验。

然而，罗赛尔却突破了种种障碍达到了目标。他在接受记者采访时，说出了自己在前进中历经的过程。

罗赛尔认为，在突破海拔 6400 米的登山过程中，他最大的障碍就是内心各种翻腾的欲念。因为，在攀爬的过程中，你头脑中的任何一个小小的杂念，都会松懈人内心原本坚强的意念，转而变得渴望呼吸氧气，慢慢地让人失去征服的冲动与动力。随之，"缺氧"的念头就会产生，最终让人放弃征服的意志，接受失败！

罗赛尔说："想要登上峰顶，首先要学会清除内心的各种杂念，脑子中的杂念越少，你的需氧量就会越少；你的杂念越多，你对氧气的需求就便会越多。所以，在空气极度稀薄的状态下，必须要排除内心的一切欲望与杂念！"

在生活中，很多女人总是费尽心思却仍无法成功，其主要的原因就是自我设限，因此，人们常说："自己是自己最大的敌人。"一个人也只有靠自己的意志力，勇于摒除脑海中的各种杂念，才能战胜困境，成为最后脱颖而出的人。

在前进的过程中，任何的停滞与迟疑的念头，都会让人忘记前进，甚至失去了起步时勇往直前的冲劲。所以，要想步向成功，必须摒除各种杂念，努力往前跨出步伐，勇于突破并且超越现状。

要摒除杂念，实现自我突破的重要的一点就是要面对现实，确实地了解自我并清晰地认清环境，在自我与环境中摸索出突破的方向。

同时，还要审视自我的优势、加强自我优势，当你发挥自我优势时，你就会对自己愈有信心，成就感随之而来，你的信念就会越强，做事的活力也会源源不断地出来。如此一来，当你遇到困难，不但不会退缩，反而更能激起你突破的热情，直至成功！

· **幸福箴言**

已经走到半山腰的你，你还记得开始出发时对自己喊加油的声音吗？找回你盎然的活力，全力向前冲刺。就像罗赛尔所说，只要忘记杂念，只要坚守住最初的梦想，只要发挥自身优势，并坚守住起步时非成功不可的意志，我们最终都能够告别迷惘，迎向充满希望的未来！

78. 遇到麻烦，学会运用积极的自我暗示

🌹 **幸福女人慧语：**

☆ 积极的心理暗示可以激发人的潜能，将不可能的事情变为可能。

☆ 积极的暗示是一种态度，能使"不可能"消失于无形，尽管它不能给你需要的东西，却能告诉你如何做到。

☆ "只要你想成功，你就一定能够成功！"这是卡耐基响彻世界的名言，影响了千千万万渴望成功与致富的普通人。这就是许多成功学家反复强调的一种积极的心态，一种强大的心理资本，它可以带你走出人生的困境，走出人生的枯井。

罗森塔尔·琼斯是纽约一家心理咨询所的心理医师，他曾做过这样一个试验：

以10个小学生为实验对象，先对他们的语言能力与推理能力做测试，随后随机抽取一部分学生，向这些学生的老师说明这部分学生可能在几个月后会有突飞猛进的进步。

到了期末，罗森塔尔对全体学生做了一次检查。发现这部分学生成

绩都有了显著的提高，老师的评语也比其他学生好。老师对心理学家佩服不已，罗森塔尔十分平静地告诉老师，当时只是随机抽的，测验只是做个样子，老师极为惊愕。

关于这种现象，其实不难解释：老师受了心理学大师的暗示，对学生转变了态度，学生便因为老师的暗示受到更多的鼓舞，提升了学生学习的积极性。

这个实验其实是告诉我们：积极的心理暗示能对一个人起到积极的作用。所以，当我们在工作中遇到麻烦时，就要第一时间给自己进行一些积极的暗示，给自己营造一个积极的气场！而这种气场会极大地强化自我信念，激发出内在的英雄本色，将麻烦的问题解决掉。

刚进入这家音像公司时，马慧的职位很低，只是一名普通的技术专员。但现在她已经是公司经理助理，老板不可或缺的左右手。马慧之所以能够升到这个很好的职位，是因为她遇到麻烦时从不逃避，而是在积极的自我暗示下提供了更好的服务。

一次，公司从德国进口了一批先进的采编设备，比公司现用的老式采编设备要高好几个档次。老板把所有技术专员都召集到一起，希望有人能够事先试用一番。说明书全部都是德文，众人又对德语一窍不通，难度之大和复杂可想而知。为了避免这样的麻烦，其他技术专员纷纷推诿，唯有马慧站了出来。短短一个月下来，马慧已经熟练掌握了新采编设备的使用方法，令其他人惊叹不已，接着在她的指导下同事们也都很快学会了。

老板惊喜地问："你如何做到的？"

马慧回答道："其实刚接手这项工作时，我心里也有点发虚，毕竟我对德文也一窍不通。但是我知道不能逃避，我告诉自己'不会又怎样，可以学嘛，我又不笨'。在这种激励下，我通过请教大学老师、在网上查阅资料等方法将说明书翻译成了中文。在摸索新设备的过程中，遇到不明白的地方时，我就通过电子邮件向德国厂家的技术专家请教，事实证明我真的不笨，我能行。"

就是这样，面对麻烦的时候，若你潜意识里认为自己处理不好，大脑的意识就停留在那些不好的方面，你就只能处处被麻烦困扰；当你认定自己是个天生无可争辩的成功者，任何的麻烦都不能困住你，那么你就一定是气场最强大的人，而你的工作势必能完成得完美，人生也注定与众不同，精彩异常！

明白了这些道理，遇到麻烦的时候，记得把你说话的语言从否定语气转变为肯定语气，不要再使用否定性词汇"麻烦"，而使用"情况"这个中立的词汇。"我目前面临一个令人瞩目的情况"远比"我们目前遇到了麻烦"更好。

同时，要给自己一些积极的自我暗示！如"这问题真棒"、"问题来了，机会也就来了"等。

最后，让我们一起满怀激情地朗读下面几句话：

我微笑、乐观、自信、坚强！

我轻松、积极、不卑、不亢！

我健康、豁达、心胸宽广！

我将百折不挠，去实现理想！

我要不断超越，走向辉煌，走向辉煌！

· 幸福箴言

　　每个人身上都有一个气场，只不过有些人还让它长期处于休眠的状态罢了。如何唤醒呢？对自己进行积极的自我暗示，如此所焕发出来的就是一股强烈而充满斗志的气场。

　　詹姆士·艾伦在《人的思想》一书中说："一个人会发现，当他改变对事物和其他人的看法时，事物和其他人对他来说就会发生改变——要是一个人把他的思想朝向光明，他就会很吃惊地发现，他的生活受到很大的影响。……有了奋发向上的思想之后，一个人才能奋起、征服，并能有所成就。如果他不能奋起他的思想，他就永远只能衰弱而愁苦。"

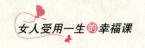
79. 消除忧虑，及时化"压力"为"动力"

❤ 幸福女人慧语：

☆ 要消除工作中的忧虑，就要学会一次只做一件事情，那么你面临的压力自然就转化为动力，推着你不断向前。

☆ 工作中，棘手的难题一个接一个，令人头痛。可是，"办法总比困难多"，若能控制不良情绪，用逆水行舟的勇气面对，便能激发潜能、战无不胜。比起一帆风顺，相信这时你能得到更大的成就感。

☆ 工作烦琐、不如意时，人们总习惯于把办公室看成"地狱"，却没有想过，地狱和天堂其实只是一念之差，消极看待会让你更加疲惫和痛苦。把挑战看成对自身能力的肯定，能享受到特别的惬意和满足感。

牛圈里有一头很瘦的牛，因为太瘦，所以主人很不喜欢它。为了得到主人的宠爱，它每天只是使劲地吃，只要有空闲它就不停地咀嚼干草。尽管有时候它已经吃得很多了，但是仍旧不停下来，最后竟然撑死了。

这个小故事正是要告诉我们：凡事都要适可而止，为了变胖，只是一味地吃，最终只有落得十分可悲的下场。在工作中也是如此，面对大堆的任务量，也要做到适可而止，否则也会严重地影响到自己的身体和心理健康。

不可否认，现代人都背负着极为沉重的生活压力，时常担心这个，忧虑那个，尤其是女性，内心比较敏感和脆弱，总是时不时地被忧虑和痛苦缠绕，不仅会影响工作效率，还会引发一系列的身心疾病。所以，我们要学会及时调节。对此，你可以尝试一下所谓的"沙漏哲学"，既然你所忧虑的事不是一时半刻就能改变，你就要用另一种心情去面对。

第二次世界大战时期，丽莎肩负着极为沉重的任务。她每天都会花很长的时间在收发室里，努力整理在战争中死伤和失踪者的最新纪录。

源源不绝的情报接踵而来，收发室的人员必须分秒必争地处理，一丁点的小错误都可能会造成难以弥补的后果。丽莎的心始终悬在半空中，小心翼翼地避免出任何差错。

在压力和疲劳的袭击之下，丽莎患上了结肠痉挛症。身体上的病痛使她忧心忡忡，她担心自己从此一蹶不振，又担心是否能撑到战争结束，活着回去见她的家人。在身体和心理的双重煎熬下，丽莎整个人瘦了34磅。她想自己就要垮了，几乎已经不奢望会有痊愈的一天。

身心交相煎熬，丽莎终于身体不支倒地，住进医院。

军医了解到她的状况后，语重心长地对她说："丽莎，你身体上的疾病没什么大不了，真正的问题是出在你的心里。我希望你把自己的生命想象成一个沙漏，在沙漏的上半部，有成千上万的沙子，它们在流过中间那条细缝时，都是平均而且缓慢的，除了弄坏它，你跟我都没办法让很多沙粒同时通过那条窄缝。人也是一样，每一个人都像是一个沙漏，每天都是一大堆的工作等着去做，但是我们必须一次一件慢慢来，否则我们的精神绝对承受不了。"

医生的忠告给丽莎很大的启发，从那天起，她就一直奉行着这种"沙漏哲学"，即使问题如成千上万的沙子般涌到面前，丽莎也能沉着应对，不再杞人忧天。

她反复告诫自己说："一次只流过一粒沙子，一次只做一件工作。"

没过多久，丽莎的身体便恢复正常了。从此，她也学会如何从容不迫地面对自己的工作了。人没有一万只手，不能把所有的事情一次解决，那么又何必一次为那么多事情而烦恼呢？

这给女人以这样的启示：对于不能及时改变的事情，你再怎么担心忧虑也只是空想而已，事情并不能马上解决。你应该学着一件一件地慢慢来，全心全意地把眼前的事情做好。当你全身心地投入时，忧虑和焦虑便会自然消失。

人生在世，会面对各种各样的压力，当你懂得调整自己，当压力一点一滴向你袭来时，你就会发现，压力反而是一种动力，只要按部就班，做好当下的工作，全身心投入进去，你的能力就会不断推着你前进。

> **· 幸福箴言**
>
> 女人要知道，人都是有潜能的，在平常的情况下是难以发挥出来的。如果你能利用工作中的压力将自己的潜能激发出来，那么，压力则就会成为你工作中的动力。所以，当我们在生活或工作中，因为压力而产生焦虑或痛苦的情绪时，一定要及时地更新观念，不要将压力仅仅看成是我们的仇人，将之看成是激发我们个人潜能的"恩人"，那么，压力就会迅速转化为你挑战自我的动力，最终让你以更为积极的心态去应对工作，最终做出惊人的壮举。

女人生活要有"外延"：
在和谐人际中体味幸福

> 女人要获得幸福，除了拥有和谐美满的家庭关系外，还要拥有和谐的人际关系。西班牙心理学家塞巴蒂亚·塞拉诺在《幸福的秘诀》中道出了人际关系和谐与人生幸福的联系，他认为，多与人交流，可以获得情感上的满足感和愉悦感，如此便可以得到幸福。

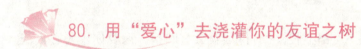

80. 用"爱心"去浇灌你的友谊之树

♦ 幸福女人慧语：

☆ 像世界上的任何事情一样，与人交往，也遵循"付出必有回报"的道理。与人交往，最不能舍弃的是"将心换心"的原则。

☆ 有一天，友情和爱情碰见。爱情问友情："世上有我了，为什么还要有你？"友情笑着说："爱情会让人们流泪，而友情的存在就是帮人们擦干眼泪！"朋友之间，懂得关怀才是难得。伤心时不妨和朋友说；痛苦时别忘了跟朋友讲；开心时更不要忘记朋友。朋友的定义，就在于此。

霍华德·哲斯顿是美国极为著名的魔术大师，在他足足40年的演艺生涯中，他曾经到世界各地一再创造幻象，其精彩表演给人们留下了极为深刻的印象。

哲斯顿最后一次在百老汇上台的时候，《创富学》一书的作者希尔特意来到大师的化妆室里待了整整一个晚上，向他请教成功的秘诀。

哲斯顿告诉希尔，关于魔术手法的书市面上已经有好几百本了，而且也有几十个人跟他懂得的一样多。但他有一样东西，其他人却没有。那就是，哲斯顿不仅对魔术怀有深厚的热情，而且对他的观众非常地真诚。

哲斯顿告诉希尔，有些魔术师常这样看待台下的观众："坐在底下的那些人是一群傻子、一群笨蛋，我可以把他们骗得团团转。"但哲斯顿却与他们不一样。他每次一走上台，就对自己说："我很感激这些人能来看我表演，他们使我能够过一种很美好的生活。我要把他们当作朋友，并把我最高明的手法，表演给他们看。我爱我的观众，他们是我的朋友。"

希尔这时恍然大悟：原来成功的秘诀就是如此简单，那就是对每一个观众施与爱心。

哲斯顿的话一点都不假，"有付出就会有回报，只要你用爱心去浇灌你的友谊之树，它必能结出累累的硕果！"

由此可见，在人际交往中，如果你抱着真诚、诚信的心态，努力去为别人付出，那么，别人自然也会用自己的真心诚意来回报你。心与心相交，才能建立起最牢固的友谊。

生活中，每个女人都是渴望得到朋友的，因为和谐的友谊是世界上最宝贵的财富。一个女人有很多的朋友，不仅能生活得愉快，而且还能在事业上得到诸多的帮助。而一个女人如果没有朋友，生活会非常地孤单和寂寞。

虽然很多女人都有与人和谐相处的愿望，但是为何总交不到朋友呢？这主要是她不肯主动，不肯付出，只等着别人来讨好自己。你不肯对别人感兴趣，对方凭什么会对你表示出好感呢？对此，卡耐基说，我们要想从别人那里获得友情，就一定要甩掉各种各样的心理包袱，不要担心别人不喜欢自己，也不要认为自己付出太多。只要这样做，你就能够交到朋友了。

张莲是一家大型服装公司的导购，很受领导器重，这主要得益于她有极好的人缘。生活中，无论是大人、小孩、男人、女人，只要和她交谈 15 分钟，马上就会成为她的朋友。甚至连朋友家的佣人都非常喜欢她，每次去对方家里做客的时候，便会极力地施展自己的手艺，希望能够做出让张莲满意的饭菜。

虽然张莲如此受人欢迎，但他说出来的交友秘诀却非常地简单，那就是真诚地爱别人，无条件地为别人付出。在她看来，对方是什么身份、什么地位、做什么工作，那都是无关紧要的，她真的能够平等地对待他们。

当张莲和陌生人相遇时，她马上就能和对方成为朋友。她靠的不是吹嘘，而是耐心地询问那个人的一切，甚至包括一些琐碎的问题，并且还会尽自己所能为对方提供帮助。当然，张莲并不是一个琐碎的人，但是她对一个新结识的人非常感兴趣，并且真的想了解对方。就是一些玩世不恭的人，在与张莲聊过之后，马上就会变得非常开心，就像花儿见到阳光一样。

其实，身为女人，要想交到朋友，就要懂得积极主动，与人为善，乐善好施，构造和谐友好的人际关系，你便能从中享受到快乐，品尝到幸福。

世界级的成功大师们都讲过这个道理：乐观、爱心和感恩，构成了一个人最好的心态，也必定为人带来良好的人际关系和事业上的成功。而那些成功的女交际家，也都具有"帮助别人不求回报"的天性。她们总是能真诚地去关爱别人，于是赢得了人心。中国古人说得好："得人心者得天下。"而在这里，却可以把这句话改成"得人心者得友谊"。只有将心换心，你的友谊之树才能茁壮成长。所以，如果你想有好人缘，

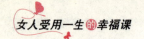
就先从"人心"做起吧！

> ● **幸福箴言**
>
> 　　你欲想做成任何一件事情，必须要"用心"。获得和谐的人际也是一样，如果一个女人只使用"技巧"、"方法"去获得他人好感，她是不可能拥有稳定且牢固的友谊的。只有努力地"用心"，随时"留心"，付出一颗"真心"，才能让自己真正拥有良好的人缘。

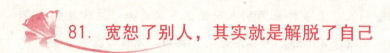 81. 宽恕了别人，其实就是解脱了自己

♦ 幸福女人慧语：

☆ 人人追求好心态，而心态的"态"字拆解开来，就是心大一点。一颗大容量的心，是人生最可贵的财富。

☆ 原谅和宽恕，比仇恨更有力量。原谅别人，才能释放自己；祝福别人，才能快乐自己。

☆ 心是一个容器，装的宽容多了，仇恨就会被挤出去；装的简单多了，纠结就会被挤出去；装的满足多了，痛苦自然就被挤出去；装的理解多了，矛盾就会被挤出去。让我们学会宽容，用爱来充满内心，善待怨恨，退一步海阔天空，忍一时风平浪静。

　　有一位远行的智者，刚一出门就被一位身材高猛的大汉撞了个趔趄，不仅被撞得鼻青脸肿，还被旁边的树枝划破了手掌。

　　大汉怕智者赖在地上，便灵机一动先开口埋怨说："谁让你走路这么匆忙？我这么大个儿的人，没长眼睛吗？"

　　智者听罢，没说话，也没有怪罪大汉，只是笑了笑。

　　大汉仿佛有了惭愧之心，不好意思地问道："我撞了你，你怎么一

点不生气？"

智者极为平静地说："既然已经这样了，生气有何用呢？生气又不能让手上的疼痛减轻半分，也不能让伤痕愈合，相反，生气只能激化心中的怨气。如果我对你恶言相向，或动用武力，即便打赢了你，也会种下恶缘，到头来输掉的还是我自己呀。"

接着，智者还在为大汉开脱说："若是我选择走别的路，或者是早出来或晚出来一分钟，都会避免相撞。或许这一撞就化解了一段恶缘，还要感激你呢！"

大汉听了智者的话，觉得很是惭愧，连忙向他道歉。

可以想象，假如智者被大汉撞倒后一味地得理不饶人，怒气相向，那么，两人可能会大打出手，结果可能会是两败俱伤。而智者选择用宽恕感化了对方，也等于让自己得以解脱。

生活中，每个女人都难免与他人发生摩擦，当他人冒犯了自己的尊严或者是损害了自己的利益时，给予对方以理解和宽恕，是一种美德，也是一种至高的人生境界，能显示出女人的气度和优雅来。

人生最难学的就是宽恕，然而人生最珍贵的也是宽恕。宽容并不是任何人赋予我们的，而是自己给自己的一种福祉。一个肯在别人心里播撒下爱的种子的女人，一定会收获美丽的鲜花。

其实，宽恕别人并不是惩罚自己，放过别人其实也是善待自己。试想，我们不能宽恕别人，把心思都浪费在与他人的斤斤计较、针锋相对上，哪里还有时间和心思做好自己的事情呢？而且你的这种怒气一定会赶跑你身边的每一个人。

一位智者曾经这样说过："你必须宽恕两次。一次是你必须原谅你自己，因为你不可能完美无缺；另外你必须原谅你的敌人，因为你的愤怒之火只会让你变得更加愚蠢。"一个人的胸怀能容得下多少人，你就能够赢得多少人。所以，女人在与他人相处时，要学会宽以待人，即为对他人不过分、不强求，以宽为怀，能让人时且让人，能容人时且容人。

一位 90 岁高龄的老太太生活得非常幸福，她不仅身体硬硬朗朗，心情舒舒畅畅，周围经常围绕一大群的好朋友。

有一天，一位整天都满脸忧愁的女人看到如此乐观的老太太，便问道："你为什么这么幸福，有这么多朋友呢？"

老太太呵呵一笑，回答道："其实拥有一个幸福的人生很简单，第一，不要拿自己的错误惩罚自己。第二，不要拿自己的错误惩罚别人。第三，不要拿别人的错误惩罚自己。"

接着，老太太又补充道："做到这三条，你的人生就不会太累，你的朋友也不会离你而去。"她边说边晃着三根手指，脸上洋溢着返老还童的天真和曾经沧海的从容。听了老太太的话，老妇人脸上的愁云便散了些。

不懂得宽恕别人的女人，只会让自己活在痛苦的仇恨中，终日生活得郁郁寡欢，没有快乐而言。世界上没有一个人愿意整天与一个内心充满仇恨、脸上布满愤怒的人待在一起。所以，为了我们自己，也应该主动把心放得宽一点，对别人多一分宽恕。

多数女人应该明白，生活中的诸多矛盾都是由一些鸡毛蒜皮的小事引起的，这主要是我们太爱斤斤计较。所以，要活得快乐，就要学会放松一点，一笑而过，这样才更容易让人接受。否则，不但不能使他人理解我们内心的烦闷，只会让人们感到我们自身涵养和素质的低下。

莎士比亚忠告人们说："不要因为你的敌人而燃起一把怒火，结果却烧伤了你自己。"这其实在告诫我们，要学会容纳，学会宽容，千万不要拿他人的错误来惩罚自己。

同时，宽恕也是告诉人们不要去过于计较。每个人都会犯错，如果执着于过去的错误，就会给彼此带来思想包袱，不信任，不放开，既对他人造成了一种阻碍，也限制了自己的思维。所以说，宽恕别人，其实就是善待自己。

· 幸福箴言

关于与人发生摩擦或矛盾时，戴尔·卡耐基向来不主张以牙还牙，他说："要真正地憎恶别人的简单方法只有一个，即发挥对方的长处。"憎恶对方，结果只能使自己焦头烂额，心力交瘁。其实，卡耐基所说的"憎恶"是另一种形式的"宽容"，实际上就是汲取对方的长处化为自己强身壮体的钙质。

82. 对折磨你的人，心存感激

❤ 幸福女人慧语：

☆ 知足的人都是懂得感恩的。能够对周围的一切，甚至一花一草、一山一水都心存感恩的人，其人生都是丰盈而富足的。

☆ 一个人如果学会了感恩，那便意味着他拥有了恒久的幸福。生活中，我们要感激那些伤害你的人，因为他磨炼了你的心志；感激那些欺骗你的人，因为他增进了你的见识；感激那些鞭打你的人，因为他砥砺了你的斗志；感激那些遗弃你的人，因为他教会了你应该自立；感激绊倒你的人，因为他强化了你的能力；感激斥责你的人，因为他助长了你的智慧。

"这么简单的工作都做不好，真是窝囊废！"看到小王把一个简单的表格做得一塌糊涂，上司撂下这句话便走开了。

听到这句话，小王的心像被刺扎到了一般，眼泪不停地往下流，心里真不是滋味，难受得快要窒息了。尽管她参加工作还没多久，但是还没受过如此的打击。于是，她努努嘴巴，心里暗暗发誓："我不要做窝囊废，我一定要发愤图强，爬到你的头上去，让你看看我的能力。"

从此之后，小王便开始发愤图强，努力地工作。在老员工的帮助下，她在短短一年时间里便能应付工作中的一切问题。随后，又凭借出色的工作业绩做了部门重要项目的主要负责人，成为公司里说一不二的骨干人物。

两年后，小王再次想到当初上司刺激自己的那句话时，心里除了感激，再无怨恨，她知道：上司那句话尽管很难听，很打击人，但却激发了自己的斗志，成为自己前进的动力，让自己获得了今天的成功。

无论在工作中还是生活中，很多女人都可能受到过上司或他人的"折磨"：上司的百般刁难、同事的冷嘲热讽、朋友的风言风语……多数女人则会对这些心存抱怨，自怨自艾，悲观消极地去应对。而另一些内心强大的女人，则能够淡定地看待这些折磨，并时刻对折磨自己的人心存感激，最终走向成功。不同的心态造就了不同的结果，我们要成为什么样的人，也完全取决于我们对这些折磨我们的人的态度。

成功学大师卡耐基说："一个人在饱受折磨的背后隐藏着未来的成功，折磨也是人生所需要的，它和成功一样有价值。"一位哲人也说过，任何的学习，都比不上一个人在受到屈辱和折磨时学得迅速、深刻和持久，因为它能使人更深入地了解社会，接触社会现实，使个人得到提升与锻炼，从而为自己铺就一条成功之路。如此说来，当我们在生活中遭受到批评、抱怨时，不但不要消极抱怨，以牙还牙，相反，我们还要感激那些折磨过我们的人。正是因为他们的存在，才使得我们的生命充满了机遇和挑战，充满了转折和收获。如果你能够以感激的心态去对待那些折磨过你的人，那么，你就不再是一个悲观消极、面对苦难掩面而泣的人，而将成长为一个无往不胜的勇士。

美国独立企业联盟主席杰克·佛雷斯，他从13岁开始就在一家私人加油站工作。佛雷斯刚开始想学修车，但是店老板只让他在前台接待顾客，打打杂。

老板是个极为苛刻的人，每次都不让小佛雷斯闲着。每当有汽车开进来时，都会让他去检查汽车的油量、蓄电池、传动带和水箱等。随后，老板又会让他帮助顾客去擦车身、挡风玻璃上的污渍。有一段时间，每周都有一位老太太开着她的车来清洗和打蜡。这个车的车内踏板凹得很深，很难打扫，而且这位老太太极难说话。每次当佛雷斯给她把车清洗好后，她都要再仔细检查一遍，让他重新打扫。直到清除掉车上的每一缕棉绒和灰尘，她才会满意。

终于有一次，小佛雷斯忍无可忍，不愿意再侍候她了。店老板却在一旁厉声斥责他说："你不愿干就赶快滚，这个月领不到任何报酬，你自己看着办吧！"小佛雷斯心中很是痛苦，回家后就将事情告诉了父亲。父亲却笑着告诉他："好孩子，你要记住，这是你的工作责任，不管顾客与老板说什么，你都要尽力做好你的工作，这会成为你的一笔人生财富。"

在以后的日子中，小佛雷斯谨记父亲的话，不管老板与顾客再刁难他，他都会以微笑视之，并努力将事情做好。几年后，佛雷斯就凭借自己的各种基本洗车技术以及其在顾客中的良好表现，开起了自己的店面，并最终取得了成功。

其实，佛雷斯的成功与他懂得感激那些折磨自己的人有着极大的关系。"吃一堑，长一智"，那些让你吃一堑的人正是给你长一智的客观条件。你为什么不对其心存感激呢？学会感谢折磨你的人，就注定了你与成功结缘。

在生活中，女人是否有这样的感受：你有一个很差劲的上司，你往往会因为他的一句批评或对你的错怪误解，就让你萌生了要去成功的念头；你的父母可能因为不够关心你而与你之间产生了隔阂，你会因为他们的一句批评从而萌生了要出去做一番事业的念头。其实，从心理学上来说，当你受到的打击超过了你心灵所能承受的限度的时候，就可以爆发出一种力量，这股力量会驱使你要向他们证明：你能够成功，你可以做出个样子给他们看。所以说，世界上比经受折磨还痛苦的事情就是从来没有被人折磨过。

生活中，每个人几乎每天都会受到折磨，而每一次折磨都代表你又要进步了，所以，我们要对那些折磨我们的人心存感激，因为他们让你能够时刻检讨自己，哪些地方做得不好，哪些地方需要改进，让自己变得更坚强、更优秀。如果说对你好的人是在"帮助你成功"，那么折磨你的人则是在"逼迫你成功"。为此，我们从现在起，就应该时刻对折磨你的人心存感激，他们让你能够得到更为迅捷的发展速度，只有这样，我们才能在折磨中体会到一种幸运和满足，才能使纷繁芜杂的世界变得更为鲜活、温馨和动人。

· 幸福箴言

人有了感恩之心，就会有"第二性格"，也会由此改变自己的命运。因为感恩的"直接功能"，能提升一个人的人品，从而进一步提升一个人的生活品质。

83. 无论如何，也要懂得对别人笑一笑

❀ 幸福女人慧语：

☆ 但凡那些人见人爱的女孩子，大多有一副天生亲和的笑模样！她对世界笑得甜蜜，世界自然会还她一段甜蜜蜜的人生际遇。

☆ 微笑是谁都无法抗拒的魅力，微笑的力量超出你的想象。养成微笑的习惯，一切都会变得简单。难怪有人说："如果你长得不漂亮，就让自己有才华。如果才华也没有，那就总是微笑吧！"

☆ 世界名模辛迪·克劳馥曾说过这样一句话："女人出门时若忘了化妆，最好的补救方法便是亮出你的微笑。"毫无疑问，微笑能够弥补一个女人的所有不完美。一个微笑的女人，她的微笑就是最好的沟通语言。

　　一位心理学家说，如果你还有一小时，你要去见一生中最重要的人，那么，静下心来，找一面镜子。然后，对着它，练习微笑。可见，一张笑脸对于一个人来说是多么地重要。

　　好运总是偏爱那些爱笑的女人，人人都爱那些富有亲和力的女人。美国微笑之都——爱达荷州波卡特洛市有一个奇特的法令：凡在公共场所愁眉苦脸的人，一律要被送到"微笑站"进行再教育，直到学会微笑才让他离开。许多企业的老板宁愿雇用一位中学未毕业却有着迷人笑容的雇员，也不愿意聘请一个满脸"尊严"的哲学博士。而服务行业则把微笑的作用夸张到了极致，他们认为"微笑服务"能使顾客盈门、生意兴隆、招财进宝。而事实确实证明了这一点。

　　刘晓在一家出版公司担任办公室主任。她所在的办公室兼具行政管理、后勤管理、人事管理三大职能，其工作的繁忙与烦琐程度自不用说。

　　说起刘晓的前任，无论是学历、经验还是工作态度和魄力，都不比她差，甚至有些地方还超过了刘晓许多，但最终工作做了不少，却始终得不到同事和上司的认可。大家都觉得她很是傲慢，最后被迫离职。总结前任失败的教训，刘晓得出一个结论，那就是要有一张笑脸。

　　刘晓深知出版行业的竞争异常激烈，广告业务员的工作压力极大，他们最希望自己的工作能够得到公司的理解和支持。如果他们在与各种各样的客户打交道之后，能够在公司见到一张亲切、充满鼓励意味的笑脸，心中一定会充满浓浓的温情。面带微笑的人总是在向同事传递这样一条信息："我很欣赏你，信任你，我愿意成为你的朋友，我们一定会合作得十分愉快。"现在，无论工作有多重、多烦琐、多让人心烦，刘晓却从不表现在脸上，而总是保持一副十分和蔼亲切的笑容。她拟定的"绩效考评措施"在公司内部得以顺利地实施，公司的业务量为此也明显提升了许多。刘晓本人更是受到了公司全体员工的欢迎。

　　由此可见，微笑是女人获得好人缘的"通行证"，是赢得他人喜爱的"护身符"，带给人的是如沐春风的感觉。真诚的微笑透出的是善意、温柔、接纳，更是一种自信和力量。所以，如果你不是一个善于言辞的女人，那就学会微笑吧，恰到好处地向他人绽露一个甜美的微笑，能胜过任何动听的语言，让你拥有倾倒众人的魅力。

对于女人来说，即便你没有了年轻的肌肤，没有美丽的容颜，你的乌发领地已经被白发占满，但你只要能适时地绽露你的微笑，依然可以让无数的人为之倾倒。因为微笑着的女人是最吸引人的，她是最优雅的，可以说，微笑能让你拥有超越年龄的美丽。

卡耐基说："微笑，它不花费什么，但却创造了许多的成果。它丰富那些接受的人，而不会使给予的人变得贫瘠。它在一刹那间产生，生出各种'魅'态，给人留下永恒的记忆。"还有人说，会笑的女孩子，运气都不会太差。所以，女人在何时何地都要舒展你最具亲和力的表情，将微笑常挂于脸上，它能让你成为赢得他人喜爱的"通行证"，助你成为人际场上的大赢家。

· 幸福箴言

微笑能提升女人的魅力指数，为此，社会上出现了越来越多的"微笑礼仪"培训机构，从奥运礼仪小姐到公司前台职员，都接受着"微笑时牙齿露出 6 颗到 8 颗，脸部表情不能僵硬"的严格训练。当然，我们普通人的日常生活，大可不必如此，只要笑得自然、笑得真诚，就能达到传情达意的目的，便能自然地提升自我魅力。

84. 别将时间浪费在语言的纠葛中

幸福女人慧语：

☆ "和谐"是与人交往的永恒法则。所以，无论你再有道理，只要与他人发生了争吵，那就意味着你已是"输家"。

☆ 如果有一天，你和你周围的人发生争执，你就让他赢，他又能赢到什么？如果你输了，你又能输掉什么？这个赢和输，只是有文字上面的意义罢了，我们去将多数的生命都浪费在语言的纠葛之中。其实，两个人如果发生争执，并不会真正地留下输和赢，而失去的则是你们之间的感情、和气和友情。

《伊索寓言》中有这样一个故事：

伊索做奴仆的时候，一天，主人要宴请当时的一些哲学家，吩咐伊索做最好的菜招待他们。伊索思索之后，便收集了各种各样的动物的舌头，准备了一席舌头宴。

开席的时候，主人宾客都大惑不解，伊索说道："舌头能言善辩，对尊贵的哲学家来说，这难道不是最好的菜肴吗？"客人们都笑着点头称是。主人又吩咐他说："我明天要再办一次宴会，菜要最坏的。"到了第二天，宴席上的菜仍旧是舌头。主人大发雷霆，而伊索却十分幽默地说："难道不是祸从口出吗？舌头是最好的东西，也是最坏的东西啊！"

有的女人听到自己不认同的话，情绪一上来，便无所顾忌地与对方发生争吵，那就破坏了与人和谐相处的氛围和基础。要知道，人与人之间要相处得更为融洽，最主要的就是要学着去接纳对方、包容对方，而非去改变对方。

生活中，很多事情本身就是没有答案的，我们在与人交往的时候，千万不要太过计较，不要与他人争输赢，这样不仅会置自己于痛苦之中，而且还会伤及朋友之间的和气，是得不偿失的事情。与朋友在一起交往，很多事情，最好能糊涂了之。对于一些原则性的问题，最好能将心放宽一些，该马虎时且马虎，否则，只会置自己于孤立的境地。

张筠是某著名大学中文系的才女，不仅能诗善文，而且也很有口才。这样的人，周围应该有很多朋友才是，但是事实却相反，主要是因为她是个爱较真儿的女孩，事事都要与人争辩。

有一次，张筠与几位朋友一同去参加一位朋友的婚礼，在如此喜庆的场合，张筠却因为太过较真儿，把场面搞得很是尴尬。

席间司仪说："在座的朋友都知道，新郎、新娘是名副其实的'青梅竹马'。在这里我给大家解释一下这个成语的来历：相传宋代的时候有个著名的女词人李清照，她与她的丈夫赵明诚自小相爱……"司仪的解释显然是错误的，但是在场的人出于礼貌，谁也没去说破。但是张筠却忍不住了，就大声在台下说道："你说错了，这个成语是李白写的……"顿时，那个司仪脸上红一阵白一阵的，但是对方又是个嘴硬的人，接着说："这位女士，您说是李白写的，有什么证据吗？"

张筠得意地说："当然有了，这个成语出自李白的《长干行》……"这样一来，让那个司仪面子尽失，场面顿时也冷清了许多。这时候新郎很不高兴地将她叫到一边说："人家是来帮忙的，你跟人家较什么劲呀！这是结婚啊！又不是学术辩论会。平时大家都不愿意与你交往，就是这个原因……"

在婚庆场合，对于司仪犯的错误，根本无须去计较，但是，张筠却因为太过较真儿，非要与对方争个明白，不仅将场面搞得极为尴尬，而且还成为众矢之的。

可见，凡事不能太过计较，太过计较的人，会太过固执，做事太过死板，很容易走进人生的"黑洞"中不能自拔。为此，对很多事情，我们一定要放弃计较，该糊涂时且糊涂，一笑置之就好。这样才能赢得良好的人缘，并在和谐的人际关系中感受幸福和快乐。

- **幸福箴言**

　　不认同别人的看法很正常，因为你有一个独立的大脑，但要学会尊重他人。

　　让忠言不"逆耳"，开玩笑要注意分寸。

 ## 85. 散发你的"亲和力"，强化你的个人磁场

幸福女人慧语：

☆ 生活中，人们最为钟情的还是有女人味的女人，那就是女人的亲和力。它是一种无声语言，但可以让女人还未开口时就能散发出强大的"磁场"。

☆ 在与他人沟通中，亲和力是人与人之间的黏合剂。如果我们将要说的话比作佳肴，那么盛佳肴的餐具便是亲和力。可以想象，如果这器具总是脏兮兮的令人生厌，那么谁还会在乎其中的佳肴味道如何呢？

　　拥有良好修养的好人缘女人，绝对是经常和颜悦色的，拥有强大的亲和力的。与温柔、善良、贤惠、性感、品位等品性相比，女人的"亲和力"是最能获得他人好感的法宝。可以试想，一个女人若是集温婉、贤惠、善解人意于一体，但总是以一副冷冰冰的面孔示人，总是不受人欢迎的。亲和力是女人赢得他人喜爱的一种最有力的武器，它胜过女人的一切美貌！具有亲和力的女人，脸上总是挂着不逝的微笑，开口闭口间都能吐出"友善"来，能让人在瞬间产生愉悦，将人与人之间的隔膜消于无形，拉近心与心之间的距离，是女人征服他人的最有效的方法。

　　丽莎是一家广告公司策划部的经理，近来，她感到工作压力很大。因为公司刚刚将一家汽车的年度广告交给她全权处理。为了能在预定期

内完成任务，她要求策划部所有员工都必须打起精神，全力以赴。

当大家都在为工作紧张奋战、加班加点的时候，员工刘艳却依然懒懒散散，每天不仅找机会开溜，还经常迟到。丽莎发现后没说什么，微笑着说道："老天爷，你知道现在是什么时候吗？大家都焦头烂额了，你也能卖点力吗？"她的口气十分轻松，脸上洋溢着微笑。刘艳的脸微微地红了，不敢吱声，心想这下该挨批了，但是，丽莎没有发火，什么也没说就走开了。

第二天，丽莎主动找到刘艳，问她："家里是不是出现了什么事情？有什么需要帮忙的，尽管开口！"刘艳听后很是感动，并说明近段时间孩子的爸爸出差，孩子没有人接送，所以经常会早退、迟到。丽莎给予了她安慰，刘艳深感愧疚，总是将工作拿到家中做，为策划出了很多好点子，使工作进展极为顺利。

丽莎女士亲和的态度、友善的表达方式，使她自然与员工打成一片，达到了很好的管理效果。亲和力就是放低姿态，平等地与人沟通交流，这是一种心与心的平等交流。所以，无论你身处于什么职位，手下有多少人，都不能失去亲和力，如果失去，就会失去他人的支持和尊重。

有人说亲和力是女人与生俱来的一种优势，然而很多女人因为自己身份或地位改变了，而将亲和力丢掉了，说话总是颐指气使，甚至指手画脚，慢慢地就与他人疏远了，让人敬而远之。那么，在生活中，女人该如何提升自己的亲和力呢？

首先，最重要的一点就是要保持善良。国学大师翟鸿燊说："相由心生，改变内在，才能改变面容。一颗阴暗的心托不起一张灿烂的脸。有爱心必有和气；有和气必有愉色；有愉色必有婉容。"亲和力，最重要的就是面带和善之色，而心存善良，面相一定会和善。

其次，女人要保持谦和的姿态。谦和的姿态表达的是对他人的一种尊重，平易近人的风范可以迅速拉近与他人之间的距离。

同时，要绽露笑容。亲切的笑容是一张有情无言的名片，是施展亲和力的"开场白"，是开启成功交往的金钥匙。亲切的笑容能够使人赏心悦目、开朗心情、惬意舒心。无论亲密或生疏，只需要你的粲然一笑，世界都会向你敞开温暖的怀抱。

灿烂的笑容是会传染的正能量，即便是你遇到了冷漠或者心情不愉快者，在你亲切笑容的感染下，他的坏心情也会逐渐地好起来。心情好了，万事顺畅。所以，我们在与他人交往过程中，首先要学会给人一张笑脸。

再者，在与人交流中，多表达你诚挚的关爱。诚挚的发自内心的关爱犹如向温暾水里添了一把火，平和的温度立刻就能炽热起来；犹如清汤里投进了调料，平淡的味道立即鲜美起来。两个人之间只要融入了诚挚的关爱，彼此便立即温暖起来。所以，与人交往，一定要设身处地为对方着想，真心诚意地去关爱他人，不仅表现了高尚的品格，在他人心中还会产生爱的反响，促使心与心之间的沟通和交流。

最后，要有豁达的气度。豁达的气度可以减少人与人之间的摩擦，营造轻松愉快的环境，保持人与人之间关系的和谐。

在生活中，无论是挚爱的亲朋还是相识的熟人，心胸豁达、宽容大度的人受欢迎，而小心眼、针尖对麦芒、得理不饶人则会遭人拒绝。豁达的气度能够显示出人的气魄、襟怀、度量，如同磁场一般彰显着人的亲和魅力。

你要尽显你的"女人味"，那就从现在开始练习展露你的亲和力吧！

· 幸福箴言

美国作家马克·吐温说："女人就该具有女人的一切天性——温良、耐心、长期忍受、可信、无私、宽宏大量。她的神圣义务就是安慰不幸者，鼓励丧失目标者，帮助忧伤者，拯救堕落者，亲近孤独者——一句话，对于叩击她那扇友好大门的所有遭受创伤和折磨的不幸儿童，她都用同情来治愈他们的不幸，用自己的心胸为他们提供一个安乐窝。"女人要提升自我亲和力，最为关键的就是要有一颗善良的心。谦和的姿态、亲切的笑容、诚挚的关爱、豁达的气度等，都需要内心的善良做支撑。

86. 敢于自责，才能赢得他人尊重

♦ 幸福女人慧语：

☆ 用争夺的方法，你永远不会得到满足；而采取让步的方法，你会比以前收获更多。

☆ 卡耐基说："在和别人交往的时候，如果我们是对的，就应该温和、巧妙地去获得别人的赞同；如果我们确实犯了错，就要勇于承认自己的错误。这样做比争辩能产生更好的效果。"

太阳和风争论谁更有力量。风说："当然是我。你看下面那穿着外套的老人。我打赌可以比你更快地把他的外套吹掉。"说完，风使劲地对着老人吹，恨不得一下子把外套扯下来。但它越吹，老人把外套裹得越紧。风吹累了，太阳从云层钻出来，暖洋洋地照在老人身上。没多久，老人便开始出汗。不一会儿，老人把外套脱了下来。太阳对风说："尊重、温和，永远胜过激烈、狂暴。"

不可否认，与人交往，最为重要和珍贵的便是要维持和谐。很多时候，尊重、温和永远要比争吵、激烈、狂暴更有力量。生活中，当我们与他人发生冲突或者矛盾时，一定要对问题仔细分析。如果你是对的，就该温和地获得别人的赞同；如果你是错的，一定要学会勇于承认自己的错误，这样比激烈地争辩更能赢得人心。要知道，当你开始自责的时候，对方便能从你那里找到一种尊重感，从而便会很容易原谅你的过错。

刘霞是一家建筑公司的设计师，平时有事没事就会到工地去检查。有一次，她去施工工地检查工作，发现有的工人没有戴安全帽。因为不戴安全帽属于违规行为，于是她马上就对那些施工人员提出批评，命令大家戴上安全帽。

虽然受到批评指责的工人按照她的要求戴好了帽子，但是一个个显得不悦，内心咕哝着："什么啊，吆三喝四的。"而且等她离开，便又将帽子拿掉以示反抗。

刘霞觉得这样不行，但是自己又不能失职，于是开始转变自己的行为方式。当她看到有工人不戴安全帽时，就不再一味地批评大家了，而是说道："是不是帽子戴起来不舒服，还是帽子的尺寸不合适？如果不合适的话，我想办法帮大家换一个吧。之前没有向大家讲明戴安全帽的重要性，只是一味地苛求，而忽视了你们的感受，实在感到抱歉。"这样一说，大家都觉得自己受到了一种尊重感，从而理解了刘霞的苦衷。如果刘霞一味地苛求指责对方，不肯承认自己的过失，并且和他们发生争执，对方自然也不会那么顺从。

所以，女人，当我们受到别人的指责时，如果真的感觉是自己理亏，就要学会自我批评。如果你把对方想批评你的话说出来，对方的气也便消了，就会对你采取一种宽容、原谅的态度。这样做，岂不比受到他人的责备要好得多？

但是，生活中，很多女人都爱面子，即便认错，仍会进行辩护。她们认为向别人承认错误是一件非常难堪的事。事实不是这样的，向别人认错，不仅不会让自己丢人，还会显示出你的涵养、率真和勇气。而那些明明知道自己犯错而不肯承认的人，才会成为大家嘲笑的对象，并且因此而疏远他。所以，当我们认识到自己的错误时，一定要敢于承认自己的错误。要记住：用争夺的方法，你永远都不会得到满足；而采取让步的方法，你会比以前收获更多。

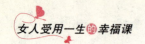

> **· 幸福箴言**
>
> 　　每个人都有追求社会认同、他人认同和受到他人尊重等心理欲求，当你学会了尊重别人，就离获得友善近了一步。
>
> 　　心理学家指出，人永远是需要认同感的，没有了认同感，就没有了向上的动力。人最关心的，永远都是能为他带来心理满足的人。而自我批评、自责等，能有效地表达出你对他人的认同感和尊重感。

 # 87. 要用气量去征服他人

❦ 幸福女人慧语：

☆ 与人交往，主要靠的是朴实、简单的一颗诚心。

☆ 魅力女人是要用气量去征服他人。

美国纽约曾发生过这样一件事情：

一位盗贼将刀子藏好后敲开了安妮的家门。

聪明的安妮从他的眼神里便看出了凶狠。但是她却没有惊慌和害怕，而是以柔和的语气说："请进来喝杯茶吧！"立即将盗贼请进了家门。

盗贼进门后，安妮便忙着为歹徒泡茶，拿水果，并始终对其报以微笑。盗贼的心在一瞬间变得柔软起来，喝完茶后，就离开了。

这本是一桩盗窃案。一般情况下，人们都会采用强硬且巧妙的方法，将盗窃者绳之以法。但是安妮却没有，她只是用柔和的语言、一颗热情的心使得盗窃者良心发现，并最终感动了对方，免去了一场劫难。

一个靠伎俩去战胜他人的女人，心中装满了"机关"，最终只会害人误己。就像《红楼梦》中的王熙凤，机关算尽，反丢了卿卿性命。相反，一个有气量的女人，则都有宽阔的胸怀，她们懂道理、明事理、知进退、包容人；一个有气量的女人，其得体的举止、优雅自然的谈吐、大方的待人接物的方式，会给人一种舒适、亲切且随和的感觉。这样的女人，还没开口说话，便能事先征服人心，获得他人好感。

有气量的女人不会随心所欲，唯我独尊，而是懂得善待他人，善待自己，认真地关注他人，真诚地倾听他人，真实地感受他人。尊重他人，就是尊重自己。真正的气量来源于一颗热爱自己、热爱他人的心灵。这样的女人有着很好的心态，面对他人的无故指责，也不与其争论，而是会报以微笑，以宽容的态度去对待，从根本上让人心服口服。

经过几番周折，玛丽终于在一家珠宝店找到了一份售货员的工作。为此，她格外珍惜这个来之不易的机会。

然而，就在圣诞节的前一天，一位30多岁的顾客进了一家商店。他的穿着非常干净，看上去十分有修养，但是从他的面容上看却让人感觉像是遭受了失业的打击。这时，店里所有的售货员都出去了，只剩下玛丽一个人。

玛丽像往常一样，向对方热情地打招呼："您好，先生，您想要些什么呢？"这位男子便不自然地笑了起来，十分尴尬地说道："小姐，我只是随便看看。"然后，他的目光迅速地从玛丽身上移开，只是在店中转着随便看。

这个时候，电话铃声响了，玛丽说要去接电话。她一不小心，就将摆在柜台上面的盘子打翻了。盘子中有5只精美昂贵的金耳环。这个时候，玛丽便慌忙地去捡，但是只捡到了4只。她顿时惊慌失措，就反反复复地去寻找，怎么也找不到丢失的那一只。然而，就在男子将要走到店门口的时候，玛丽轻声地叫道："先生，请您稍等一下。"

男子转过身来，两个人相互对视着。玛丽的心跳得十分厉害，她不知道该怎么办，万一她要是喊叫的话，这个男子对她动粗该怎么办？他会不会伤害她?

"什么事?"男子开口问她。

玛丽控制住自己的情绪,终于鼓起勇气,对他说:"先生,今天是我第一天上班,您知道,我找这份工作有多么不容易,您能不能……"

男子的目光极不自然,他看了玛丽很长的时间。玛丽的表情非常诚恳,过了很久,男子的脸上浮现了一丝微笑。玛丽也舒了一口气,对着他也微笑起来。两人这时就像两个朋友一样。男子对她说:"是的,工作不好找。但是我能肯定,你一定会在这里继续干下去,并且还会做得很出色。"

停了一下,男子又说:"我可以为你祝福吗?"他把手伸向她。他们相互紧紧握完手,然后男子轻松地走出了商店。

玛丽看着他走出店门之后,转身走向柜台,把手中的第5只耳环放回原处。她真庆幸一切都过去了,在心里为那个男子祝福。

玛丽小姐是有气度的,她用她的宽容和大度征服了这位男子,最终让男子将东西放回原处,达到了完美的效果。我们可以想象,如果玛丽当时与男子发生争吵,甚至大打出手,可能结果就不会是这么美好了。由此可见,气量是一种强大的力量,它抵得上千言万语,是征服人心的最强大的无声语言。

> **· 幸福箴言**
>
> 人心不是靠武力征服的,而是靠爱和宽容征服的。
>
> 一个人的涵养,不在心平气和时,而是与人发生冲突时。